근대건축 시간여행

근대와 현대, 변화와 아픔을 재건축하다
목포 흑린각 이야기

근대건축 시간여행

근대와 현대, 변화와 아픔을 재건축하다
목포 흑린각 이야기

초판 1쇄 펴낸날 2025년 6월 30일
지은이 김경인
펴낸이 박명권
펴낸곳 도서출판 한숲 | **신고일** 2013년 11월 5일 | **신고번호** 제2014-000232호
주소 서울특별시 서초구 방배로 143, 2층
전화 02-521-4626 | **팩스** 02-521-4627 | **전자우편** landscape@lak.co.kr
편집 신동훈 | **디자인** 팽선민
출력·인쇄 한결그래픽스
ISBN 979-11-87511-46-5 93540
※ 파본은 교환하여 드립니다.

값 22,000원

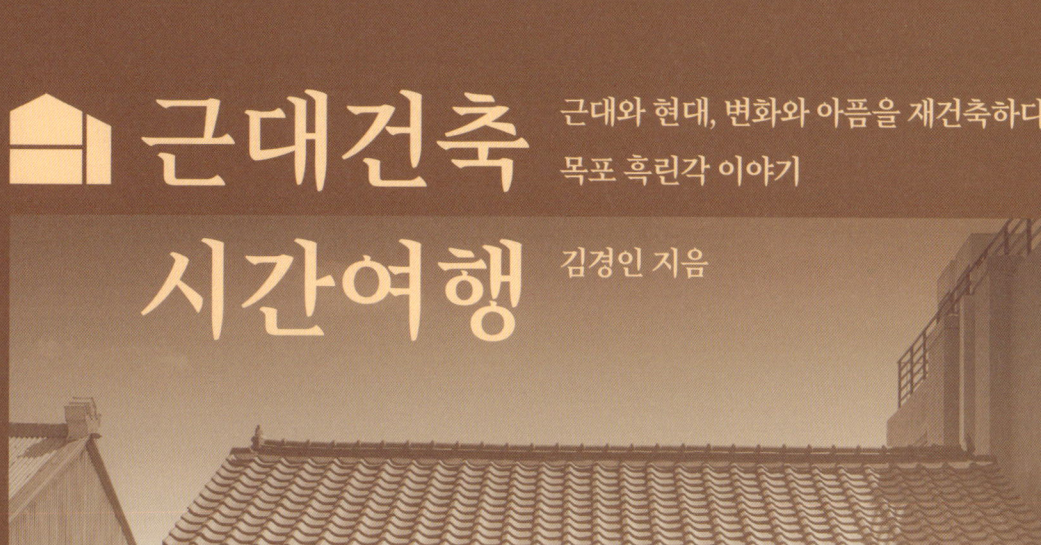

근대건축 시간여행

근대와 현대, 변화와 아픔을 재건축하다
목포 흑린각 이야기

김경인 지음

프롤로그

기억은
건물에 남는다

도시를 걷다 보면, 사람들은 종종 말한다. "저런 건물은 왜 아직도 안 없애지?" 그 말에는 '쓸모없고 보기 안 좋다'는 평가가 깔려 있다. 그럴 때마다 나는 묻고 싶어진다. "정말 그게 전부일까?" 그러던 어느 날 목포의 구도심에서 흑린각이라는 집을 만났다. 누군가는 흉가라 했고, 누군가는 철거를 말했지만 내게 그 집은 사라지지 않으려 애쓰는 존재처럼 보였다. 기와는 기울어지고, 창은 깨지고, 외벽은 얼룩졌지만 그 집은 조용히 말하고 있었다. "나는 여기에 있었고, 아직 여기 있다."

그 집을 샀다. 그 순간부터 복원은 낭만이 아니라 책임이 되었다. 과거를 껴안고, 잊힌 시간을 복원하며 도시의 기억을 다시 쓰는 일이었다. 건축은 재료로 지어지지만, 살아 있는 건축은 태도로 세워진다. 무엇을 남기고, 무엇을 덮을 것인가. 그 선택들이 도시의 얼굴이 되고, 우리의 삶을 둘러싼 환경이 된다.

흑린각은 일제강점기의 적산가옥이다. 이름도 주인도 바뀌었지만 그 집은 꿋꿋하게 자리를 지키고 있었다. 나는 그것을 이렇게 정리하고 싶었다. "건물을 지운다고, 과거가 지워지는 것은 아니다." 이 책은 그 문장을 증명하기 위한 여정이다. 복원은 단지 집을 고치는 일이 아니라 기억을 지키는 일이며, 도시의 미래를 묻는 일이기도 하다.

이 책은 네 개의 장으로 구성되어 있다. 1장에서는 왜 낡은 건물을 지켜야 하는가를 묻는다. 흑린각을 사게 된 이유, 복원이 단순히 외양의 문제가 아님을 기록한다. 2장에서는 무엇을 지키고 무엇을 바꿀 것인가를 고민한다. 기와, 창호, 기둥, 조명까지 디자인이라는 이름으로 우리가 감당해야 할 철학을 보여준다. 3장에서는 복원의 실제 시공 과정을 담았다. 도면과 현실 사이의 간극, 사람의 손끝에서 살아나는 디테일을 따라간다. 4장에서는 공간이 어떻게 문화가 되었는가를 이야기한다. 선불의 이름을 짓고, 안내판을 달고, 책을 만들고, 사람들을 맞이하며 흑린각이 어떻게 지역의 상징으로 재탄생했는지 정리한다. 부록에는 흑린각의 도면과 이 집을 함께 만든 사람들의 이름이 담겨 있다. 건축은 결코 혼자 만드는 일이 아니다.

   책을 쓰다 보면 이런 질문을 하게 된다. "이 이야기는 누구에게 닿을 수 있을까?" 『근대건축 시간여행』을 쓰는 동안 떠오른 얼굴들은 다양했다. 건축을 배우는 학생들, 역사와 공간의 관계를 탐구하는 연구자들, 도시를 기획하는 실무자들, 그리고 낡은 집 앞에서 한 번쯤 멈춰 선 적 있는 사람들.

   이 책은 단지 설계나 시공의 기록이 아니다. 공간을 통해 시간과 기억을 읽고, 도시의 과거와 미래를 함께 바라보는 여정이다. 그들에게 이 책이 작지만 의미 있는 건축 여행서가 되기를 바란다.

   지금도 나는 바란다. 누군가 오래된 골목을 걷다 문득 멈춰 서길. 그 앞에 선 건물이 그 사람에게 말을 걸어오길. 그리고 그 이야기에 잠시 귀를 기울여주길. 그때 이 책의 여정은 비로소 완성될 것이다.

차례

I
근대역사, 왜 공간에 남아야 하는가

1 나는 왜 적산가옥을 샀을까 …… 016
2 문화재가 되면 문제가 해결될까 …… 024
3 흑린각의 역사를 읽다 …… 038
4 복원 전에 던져야 할 질문들 …… 051
5 사전 철거가 필요한 이유 …… 061
6 누가 흑린각을 다시 세울까 …… 070

II
근대건축, 무엇을 지키고 무엇을 바꿀까

1 근대와 현대를 담은 공간 …… 076
2 공간은 줄이고 의미는 크게 …… 083
3 보존과 활용의 양면 디자인 …… 089
4 원형을 지키는 세 가지 원칙 …… 097
5 탄화된 목재를 남기는 선택 …… 102
6 빛과 색에 입힌 감성 …… 106
7 보이지 않는 디자인 …… 113
8 설계사의 말, 공간의 논리 …… 118

III

흑린각,
어떻게 다시
지어졌는가

1 준비: 리모델링의 시작 122
2 해체: 철거는 끝이 아닌 시작 127
3 기초: 보이지 않는 기초 131
4 목공: 나무로 만든 구조 135
5 지붕: 기와냐, 징크냐 143
6 창호: 목재와 금속의 공존 146
7 마감: 손끝이 복원한 표정 150
8 색칠: 색의 감각과 결단 155
9 마무리: 디자인의 완성 161
10 전기: 숨겨야 보이는 것들 169
11 가로: 거리의 풍경은 누구의 것인가 174
12 시공사의 말, 현장의 진심 176

IV

흑린각,
목포의
문화가 되다

1 건물도 이름이 필요하다 180
2 공간을 알리는 방법들 187
3 기록이 곧 기억이다 196
4 공간이 문화를 만든다 201
5 가장 목포다운 경관 만들기 211
6 더 나은 도시를 위하여 222

부록_흑린각의 도면 232

I

근대역사, 왜 공간에 남아야 하는가

1
나는 왜
적산가옥을 샀을까

**잊어야 할
역사인가**

나는 목포 원도심에 위치한 낡은 적산가옥(敵産家屋: 일제강점기 때 일본인에 의해 건축된 일본식 가옥을 이르는 말), 일명 '흑린각黑鱗閣'의 주인이 되기로 결심했다. 근대건축물이 하나둘씩 사라져가는 현실 속에서, 가슴 깊이 묻어둔 꿈 하나를 드디어 실현하게 된 것이다. "왜 오래된 건물, 특히 일본식 건물을 보존하려 하느냐?"라는 많은 이들의 질문에 나는 "역사는 잊지 말아야 하기 때문이다. 그리고 누군가는 이 일을 해야 한다."라고 답했다. 흑린각 하나가 사라진다고 해서 역사가 크게 바뀌지는 않겠지만, 이 건물이 지닌 가치를 알고 나면 그 소중함을 간과할 수 없게 된다. 근대건축물은 당시의 건축 양식과 생활 방식을 고스란히 담고 있는 중요한 문화유산이다. 이를 보존하는 것은 그 시대의 역사와 문화를 후세에 전하는 작업이며, 근대 가로경관의 연속성을 지키는 일이기도 하다.

2017년, 흑린각 매입 당시 건물 외벽에는 '비디오'와 '서울반점'이라는 커다란 간판이 걸려 있었다. 그러나 간판만 남아 있을 뿐, 비디오 가게는 텅 비어 있었고, 서울반점에는 화가가 한 명 살고 있었다. 이 건물은 간판과는 무관하게 오랜 시간 방치된 상태였다.

2017년 매입 당시 흑린각의 정면

흑린각 내부

흑린각 뒤편

　흑린각은 흉가에 가까웠다. 만약 내가 여러 곳을 여행하며 오래된 근대건축물을 접해보지 않았다면, 이렇게 낡고 금방이라도 무너질 것 같은 건물을 사겠다는 생각은 하지 못했을 것이다. 동네 주민들마저 의아해했다. "저런 건물을 사서 뭐 하려는 걸까?"라는 질문과 함께 갸우뚱한 표정을 지었다. 그도 그럴 것이, 흑린각의 외벽은 옆 건물 쪽으로 약 15cm 기울어져 있었다. 눈으로 보아도 금세 알 수 있을 정도였다. 외벽에는 슬레이트가 덕지덕지 붙어 있었고, 내부는 낡고 퀴퀴한 냄새로 가득했다. 2층 창문 너머로 보이는 뒤쪽 풍경 역시 오래된 건물들로 빼곡했다. 그 모든 것들이 당장 쓰러져도 이상할 게 없는 모습이었다.

이 건물을 사용하려면 해결해야 할 문제가 한두 가지가 아니었다. 사실상 리모델링 없이는 도저히 활용할 수 없는 상태였다. 하지만 나는 흑린각이 여러 건축물 중의 하나가 아니라, 목포의 역사와 문화를 담은 귀중한 공간이 될 수 있음을 믿었다. 그 믿음이, 이 낡은 공간을 되살리는 여정을 시작하게 했다.

근대건축물은 건물 외관뿐 아니라 소유 구조와 필지 구성마저 복잡한 이야기를 품고 있다. 목포의 근대건축물 대부분이 이와 비슷한 상황에 처해 있지만, 흑린각은 그 복잡성을 잘 드러내는 건물 중 하나다. 하나의 주소에 3개의 건물이 자리하고 있다. 보통 부동산은 하나의 필지에 한 동의 건물이 존재하지만, 목포에서는 하나의 필지에 여러 동의 건물이 있거나, 여러 필지에 여러 동의 건물이 있거나, 여러 필지에 한 동의 건물이 걸쳐 있는 경우도 흔하다. 흑린각은 '하나의 필지에 여러 동의 건물이 있는 경우'에 해당한다. 이런 복잡한 소유 구조는 도시의 발전 과정에서 다양한 용도와 필요에 따라 건물이 증축되면서 자연스럽게 생겨난 현상이다. 하지만 이로 인해 필지 몇 개와 건물 몇 채를 소유했다는 이유만으로 부동산 투기꾼으로 오해받기도 한다. 그 복잡함 속에는 한 시대의 필요와 변화를 담은 이야기가 숨어 있다.

적산가옥은 일제강점기 일본이 한국에 지은 주택으로, 그 시기의 역사적, 사회적 배경을 고스란히 간직하고 있다. 이러한 건물은 과거의 아픔을 담은 유산에 그치지 않고, 역사를 기억하고 교육하는 공간이기도 하다. 적산가옥은 당시의 생활 방식을 엿볼 수 있는 귀중한 증거일 뿐만 아니라, 소유권 변천을 통해 해방 후 한국

사회의 변화 과정을 이해하는 단서가 되기도 한다.

이 공간은 일본과 한국의 문화가 혼재된 건축물로, 문화적 교류와 갈등을 모두 품고 있다. 일본식 주택 요소를 포함하면서도 일본에 남아 있는 것보다 더 원형에 가까운 특징을 지니고 있을 수도 있다. 일식 기와, 목재 구조 등은 당시의 건축 재료와 기술을 이해하는 데 중요한 자료로 활용된다.

적산가옥을 보존하는 일은 낡은 건물을 지키는 것이 아니다. 그것은 과거의 생활 방식을 이해하고, 역사적 아픔을 기억하며, 그로부터 배운 교훈으로 미래를 준비하는 과정이다. 흑린각 역시 그러한 역사적 맥락 속에서 새로운 가치를 발견하고, 그 가치를 후세에 전하는 다리가 될 것이다.

건축물대장이 남긴 흔적

어떤 건축물에 대해 가장 쉽게 접근할 수 있는 정보의 창이 바로 건축물대장이다. 이것은 단순한 문서가 아니다. 그 속에는 땅과 건물의 위치, 건축 시기와 증축 시기, 소유자의 변천, 건물의 구조, 층수와 면적, 용도에 이르기까지 건물의 지난 역사와 현재 상태를 읽어낼 수 있는 수많은 단서가 담겨 있다. 이 자료는 건축물의 역사적, 문화적, 경제적, 법적 가치를 평가하고 이해하는 데 없어서는 안 될 열쇠이다. 최근에는 건축설계 도면까지 함께 등록되어 있어 내부 구조와 상황도 상세히 파악할 수 있게 되었다.

목포에서 건축물대장이 처음 만들어진 것은 1935년이다. 1950년대에는 일제 잔재에 대한 정리가 있었고, 1988년에는 전산화가 이루어졌다. 대체로 특정 건축물에 대한 건축물대장은 한 종류이지만, 목포에서 1988년 이전에 지어진 건축물은 조금 다르다. 이들 건물에는 기존 수기로 작성된 구舊 건축물대장과 현재 전산으로 작성된 신新 건축물대장이 공존한다. 구 건축물대장은 일제가 1935년 부동산 등기

제도를 시행하면서 소유자를 등록한 것으로, 1935년 이전의 소유자나 건물 상황에 대한 정보는 찾아볼 수 없다. 구 건축물대장은 전국 행정기관에서 팩스로 발급받을 수 있으며, 신 건축물대장은 인터넷을 통해 전국 어디서나 발급받을 수 있다.

흑린각을 제대로 이해하려면 구 건축물대장과 신 건축물대장을 모두 발급받아 그 과거와 현재를 두루 살펴볼 필요가 있다. 구 건축물대장은 건물의 초기 역사와 소유권 변동을 파악하는 데 도움을 주고, 신 건축물대장은 최신 정보를 제공해 현재의 상태를 명확히 이해할 수 있게 한다. 매매를 목적으로 한다면 이런 자료까지는 불필요할지도 모른다. 하지만 근대건축물의 원형을 탐구하고 그 속에 담긴 시간을 읽어내고자 하는 이들에게는 무엇보다 중요한 단서가 된다. 이 두 개의 대장은 흑린각이라는 건축물이 걸어온 시간의 흐름을 생생히 증언하는 목소리와도 같다.

건축물대장에 따르면, 흑린각은 '목포시 번화로 58(목포시 영해동 2가 1-1, 榮町)'에 위치해 있으며, 1935년에 처음 등록되고 1958년에 증축된 건물이다. 이 건물이 자리한 지역의 역사는 그 주소에 새겨진 이름 변화에서 짐작할 수 있다. '榮町사카에마치'에서 '영해동'으로, 다시 '번화로'로 이어지는 지명의 변화는 이 지역이 일제강점기부터 상업활동이 활발했던 번화가였음을 보여준다. 1935년에 등록되었다고 해서 그해에 지어졌다는 보장은 없다. 당시에는 건축물대장이 존재하지 않았기에, 건축 연도는 그 이전일 가능성도 배제할 수 없다. 일본식 지명 '榮町'이 건축물대장에 표기된 것은 이곳이 일본인들에 의해 주도된 상업 중심지였음을 말해준다. 1935년이라는 등록 연도는 이 건물이 지닌 시간적 깊이와 그 속에 담긴 역사적 맥락을 암시한다.

흑린각의 소유자는 시간의 흐름 속에서 다음과 같이 이어졌다. 나카무라 도시사부로(中村利三郞, 1935), 나카무라 우메오(中村梅男, 1939), 소유 미상(1951~1957), 최병대(1958), 조군종(1970), 김상업(1971), 양재석(1987), 유무형(1988), 이종민(1999), 한승

훈(2017). 이 건물의 최초 소유자는 일본인 나카무라 도시사부로였다. 그는 1939년에 사망했고, 이후 건물은 나카무라 우메오에게 상속된 것으로 보인다. 1945년 해방 이후, 이 건물은 한동안 소유자가 없던 시기를 거쳤다. 이는 당시의 법적, 행정적 혼란을 반영한다. 1951년에서 1957년 사이 소유자가 명확하지 않았던 것은 일본인 재산의 처리 과정이 복잡하고 시간이 소요되었음을 암시한다. 해방 후 새로운 소유주로 한국인이 등장하며, 흑린각은 다시 그 자리를 지키기 시작했다. 흑린각은 그 소유권 변천 속에 역사의 변화를 고스란히 품고 있다. 그 안에는 일제강점기와 해방, 현대에 이르는 시대의 굴곡이 새겨져 있다.

흑린각의 소유자가 유명 인사였다면 그 사용 목적을 알 수 있는 자료가 풍부했을 것이다. 그러나 이 건물은 나카무라 도시사부로라는 평범한 인물이 소유했던 건축물로, 그의 행적을 찾기란 쉽지 않았다. 그러던 중, 실낱같은 희망이 보였다. 목포 관련 기록에서 나카무라 도시사부로는 1925년 어류 중매인으로 활동했으며, '榮町'에서 '魚利우오리'라는 상호로 영업했다는 사실이 드러났다. 그는 수산업 회사의 이사로 이름을 올렸으며, 1921년 설립된 수산업 회사 旭魚市場(株)(주)욱어시장의 주식 130주를 소유하고 있었다는 기록도 발견되었다. '榮町'에서 '魚利'라는 상호로 운영했던 그 장소가 바로 오늘날의 흑린각일 가능성이 크다. 건축물대장에 기록된 흑린각의 주소 또한 '榮町'로 되어 있으며, 1930년대 사진 속 간판에 어류 그림과 '중매인'이라는 글씨를 통해 '魚利'가 아니었을까 하고 추측한다.

흑린각은 세 개의 동으로 구성되어 있다. 3동은 1935년에 등록되었으며, 2동과 1동은 1958년에 증축되었다. 전체가 2층 구조로 이루어진 이 건물은, 3동은 기와지붕에 목조로 되어 있고, 2동과 1동은 함석지붕에 목조 구조로 되어 있다. 2017년까지 이 형태를 유지해왔으며, 1958년부터 2017년까지 서류상으로는 어떠한 변화도 기록되지 않았다. 그러나 증축 당시의 도면이 남아있지 않아 어느 위치에 얼마의 면적으로 증축되었는지는 확인할 길이 없다.

이 건축물은 20세기 초중반의 건축 양식과 기술을 보여주는 귀중한 사례다. 특히 3동은 전통적인 건축 재료인 일식 기와와 목재를 사용한 점에서 역사적 가치가 크다. 1958년에 증축된 부분이 함석지붕과 목조 구조로 변화한 것은 당시의 건축 재료와 기술 변화가 반영된 결과다. 함석지붕은 경제적이고 실용적인 건축 자재로서, 그 시대의 요구에 부응했던 흔적이다. 또한, 두 개의 동이 증축된 사실은 사회적, 경제적 변화로 인해 공간에 대한 필요성이 증가했음을 나타낸다. 이는 인구 증가나 상업 활동의 확대와 같은 배경이 있었음을 시사한다.

흑린각은 그저 낡은 건물이 아니다. 그 안에 담긴 시간과 이야기는 당시의 사회적 변화와 사람들의 삶을 반영하며, 역사적 가치를 후대에 전하는 귀중한 문화적 자산이다.

흑린각의 면적을 여러 각도에서 살펴보았다. 3동은 87.94㎡, 2동은 43.96㎡, 1동은 20.17㎡이며, 대지면적은 102.5㎡, 건축면적은 84.63㎡, 연면적은 152.07㎡에 달한다. 건폐율은 82.57%, 용적률은 62.57%에 이른다. 82.57%의 높은 건폐율은 건축물이 대지의 대부분을 차지하고 있음을 보여준다. 외부 공간이 거의 없다는 점은 흑린각이 위치한 지역의 밀집된 생활양식을 반영하며, 제한된 공간 속에서 최대한의 활용을 추구했던 시대적 흔적을 담고 있다.

건축물의 용도는 상점과 주택으로 나뉜다. 1935년에는 상점으로만 사용되었으나, 1958년에 증축이 이루어지면서 일부 공간이 주거 용도로 바뀌었다. 이는 시대적 변화와 도시화 흐름 속에서 상업과 주거의 필요성이 동시에 대두되었음을 시사한다. 1935년, 상업 활동이 가장 중요시되던 시기에는 상점이 중심이었다면, 1958년에는 인구 증가와 도시화로 인해 주거 공간에 대한 수요가 급증했을 것이다.

건축물이 상점에서 주거공간으로 변모할 수 있었다는 사실은 이 건물이 다양한 용도로 변형 가능함을 보여준다. 한 시대의 경제적, 사회적 요구를 반영하며, 도시의 변화 속에서 인간의 삶이 어떻게 적응하고 진화해 왔는지를 보여주는 생생한 증거다. 흑린각은 도시화와 근대화의 흔적을 담은 살아있는 유산이다.

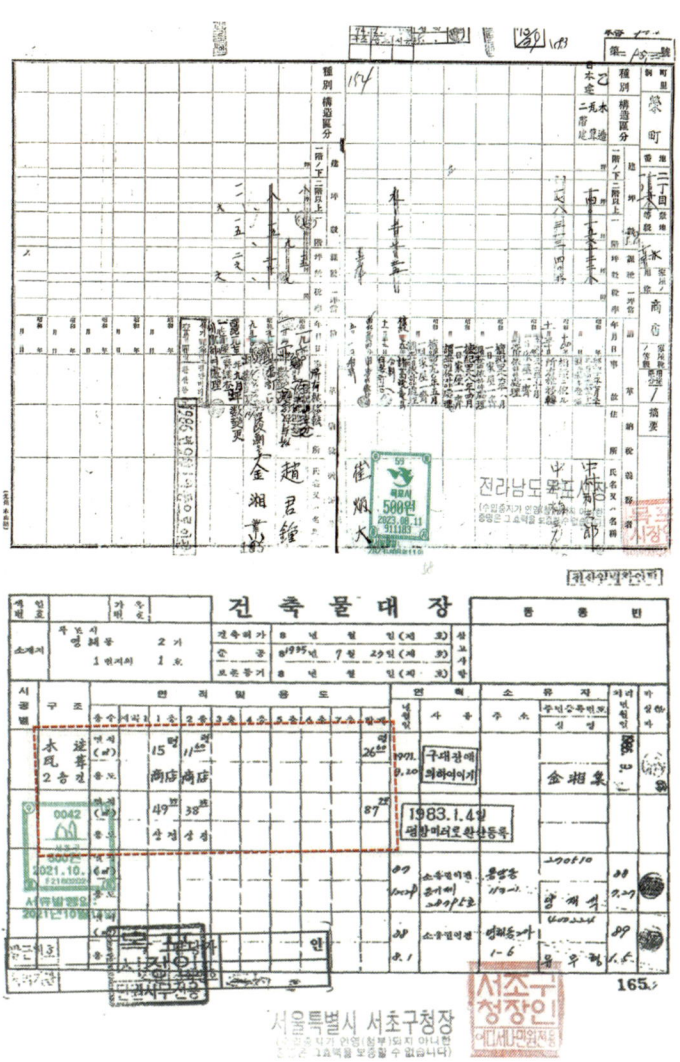

구 건축물 대장(상: 1935년 이후, 하: 1985년 이후)

2
문화재가 되면 문제가 해결될까

'목포 근대역사문화공간'의 무게

목포는 지붕 없는 박물관으로 불린다. 목포 구도심의 거리를 걷고 있노라면 일본의 어느 지방 도시를 거니는 듯한 착각이 일기도 한다. 일제강점기 시절, 일본은 목포를 중요한 전략적 요충지로 삼아 개발을 추진했고, 많은 일본인이 이곳에 거주하며 관공서와 상업 시설, 그리고 주거지를 건설했다. 물론 일제강점기 시기에 번성한 다른 도시들도 있지만 대부분 한국의 경제 성장기에 재개발되어 예전 모습을 찾기 어려운 것이 현실이다. 그러나 목포는 해방 이후 다른 지역에 비해 경제적으로 소외된 탓에 급격한 재개발을 피할 수 있었다. 지금에 와 역사적 가치를 생각하면 오히려 다행이라고 해야 할까? 그렇게 목포는 지난 수십 년 동안 거의 변화가 없는 도시로 남아 있었다.

20세기 이후, 목포에도 신도심이 건설되었다. 기업이나 쇼핑센터와 같은 인프라가 그곳에 들어서기 시작한 것이다. 사람들은 신도심으로 빠르게 빠져나갔고, 좁은 골목길과 오래된 건축물이 밀집된 구도심은 더욱 쇠퇴하게 되었다.

이런 구도심에 목포시가 문화재 보존 사업을 시작한 것은 비교적 최근의 일이다. 목포시가 2014년부터 도시재생 선도사업, 2019년부터는 근대역사문화공간 조성사업을 추진하면서 소외된 구도심에도 비로소 새로운 활기가 띠기 시작했다. 생기가 없던 도시에 벽화가 그려지고 가로가 정비되고 리모델링이 시작되니 상인들에게도 좋은 소식이었다. 이곳을 찾은 관광객을 대상으로 다시 가게들이 문을 열고 장사를 시작했으니 말이다.

흑린각 일대 역시 국가등록문화재인 '목포 근대역사문화공간'으로 지정되었다. 근대역사문화공간이란 말이 좀 낯설게 들릴 수도 있겠다. 쉽게 말하자면 국가유산청이 2001년부터 점 단위로 지정해 오던 개별 '등록문화재'를 2018년 면 단위로 확장한 것이 바로 '근대역사문화공간'이다.

'목포 근대역사문화공간'은 격자형 도로패턴과 근대건축물 원형이 남아 있는 외국인들의 거류지居留地이다. 거류지 총면적 726,024㎡ 중 핵심지역 면적인 114,038㎡(602필지)가 2018년 8월 6일에 국가등록문화재 718호로 지정되었다. 국

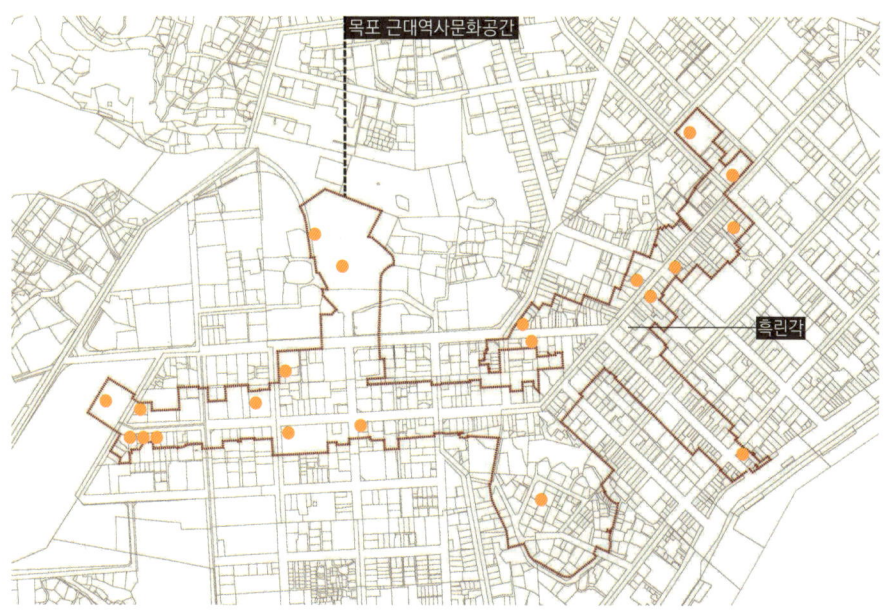

국가등록문화재로 지정된 '목포 근대역사문화공간'과 흑린각의 위치

가유산청에서 이 목포 근대역사문화공간을 어떻게 설명하는지 잠시 인용의 말을 살펴보겠다.

'목포 근대역사문화공간'은 대한제국 개항기에 '목포 해관(오늘날의 세관)' 설치에 따른 근대항만의 역사와, 일제강점기를 거쳐 해방 이후까지의 생활사적 모습을 동시에 보여주는 장소로, 근현대를 관통하는 목포의 역사문화와 생활 변천사를 알 수 있는 보존과 활용 가치가 우수한 지역이다.'

흑린각 주변 지도(25쪽)를 보면 흑린각이 목포 근대역사문화공간 내 중심가로에 위치해 있다는 것을 바로 알아챌 수 있다. 그렇다. 흑린각은 일제강점기의 역사와 건축적 특징을 간직한 그 자체로도 중요한 건축물이지만 목포 근대역사문화의 역사적 맥락을 풍요롭게 서술해 주는 건축물이기도 한 것이다.

보존인가 개발인가, 목포시의 선택은

2021년부터 목포시는 흑린각 주변 건물들을 하나둘 사들이기 시작했다. 처음 매입한 건물은 흑린각의 바로 우측에 위치한 구 '갑자옥 모자점' 건물이었다. 그다음엔 서남쪽에 위치한 구 '야마하 선외기' 건물, 그 후엔 동남쪽에 있는 건물 세 개와 그 안쪽의 창고 두 개까지 차례로 매입을 완료했다. 그 결과 흑린각 주변이 전부 목포시의 소유가 된 셈이다.

이런 움직임을 보면 목포시가 이 도시의 근대건축물을 일관된 방향으로 보존하고 활용하려는 것처럼 보인다. 나 또한 '아, 목포시가 주변 건물들을 체계적으로 관리해 근대역사문화공간의 가치를 높이려는구나.'라고 이해했으니 말이다.

특히 구 갑자옥 모자점과 같은 건물은 특별한 역사적 의미를 지니고 있었다. 목포 근대역사문화공간 안에서도 중요한 위치에 있을 뿐 아니라 유일하게 조선인이 소유했던 건물이라는 것이었다. 이 당시에 일본인 거류지에서 조선 사람이 자기 건물을 가졌다는 것은 거의 찾아보기 힘든 이례적인 일이었다. 그러니 시에서 이 건물을 어떻게 보존하고 활용할 것인지 관심이 쏠리는 것은 당연했다.

그런데 2021년 목포시 근대역사문화공간 조성 담당자와 함께 현장을 방문한 나는 조금 당황스러운 이야기를 들었다. 담당자는 이 주변에 쉼터를 조성하겠다고 했다. 공연장과 플리마켓 공간으로 꾸며 근대역사문화공간의 새로운 거점 역할을 하게 할 것이라는 계획이었다. 그런데 문제는 흑린각 건물이 쉼터 부지를 침범했으니, 그 부분을 정리해야 한다는 것이었다.

과연 측량 결과를 보니 흑린각은 목포시 쉼터 부지를 상당히 침범한 것이 맞았다. 그런데 목포시는 이 상황을 정확하게 알려 주고 싶었던 것인지, 지적 경계 표시를 위해 흑린각 외벽에 파이프까지 박아 놓았다.

흑린각과 주변의 목포시 매입 부지

흑린각 측벽에 박은 강관 파이프

흑린각은 1958년에 증축한 이후 60년 이상을 사용해 온 건물이었다. 그런데 흑린각의 일부를 철거해야 한다며 외벽에 파이프를 박다니, 역사적 가치를 지키려는 나에게는 이 행위가 마치 폭력처럼 느껴졌다.

더 이해가 안 되는 말도 뒤따라 들었다. 목포시는 쉼터 공사를 하기 전에 흑린각 외벽 철거 작업을 완료하고 싶다고 밝혔는데, 그 전에 우리에게 흑린각을 판매할 의향이 있는지를 물었다. 그런데 예산은 없다고 한다. 아무래도 공사의 편의를 위해서 매입하여 철거하려는 의도였음이라. 그러나 행정적 편의만 생각할 뿐 흑린각의 역사적 가치는 안중에도 없는 판단이었다. 만약 목포시가 역사적 가치를 알고 있다면 흑린각을 구매하여 구 갑자옥 모자점과 하나의 건물로 만들어 원형복원을 하고 싶다고 했어야 맞다.

나중에 주민들로부터 전해들은 바에 따르면, 목포시는 흑린각 부지를 매입해서 쉼터 진입부를 만들려는 계획이었다고 했다. 주민들의 말을 전적으로 신뢰할 수 있지는 않지만, 흑린각의 철거는 확실해 보였다. 이는 역사적 가로경관의 보존에 대한 목포시의 이해도를 가늠할 수 있게 한다. 가로는 연속성이 있어야 한다. 그런데 흑린각을 철거하면 이 빠진 거리가 될 것이고 가로경관은 훼손될 수밖에 없을 것이다. 목포시가 정말 그런 생각이었다면 문화유산을 보존하기는커녕 오히려 문화유산을 훼손하게 되는 셈이다.

목포시는 근대역사문화공간에 대해 어떤 마스터플랜을 가지고 있는 것일까? 그리고 그 마스터플랜을 시민과 공유하고 있는 것일까?

**복원의 이름 아래
이뤄지는 왜곡**

목포시는 구 갑자옥 모자점과 구 야마하 선외기 건물에 대한 리모델링을 시작했다. 나중에 알게 된 사실이지만, 본래 구 갑

자옥 모자점과 흑린각은 하나의 건물로 이루어진 나가야(長屋, ながや, 여러 가구가 살 수 있도록 길게 만든 건물)였으나, 1965년 화재 이후 구 갑자옥 모자점이 지금의 모습으로 재건축되면서 두 건물이 각각 분리된 것이다. 구 갑자옥 모자점이 비록 등록문화재는 아니지만, 목포 근대역사문화공간 내에서 지닌 역사적, 문화적 가치를 고려한다면, 100년 전 자료와 사진을 바탕으로 흑린각과 함께 원형대로 리모델링했어야 마땅하다.

구 갑자옥 모자점 리모델링 당시 충분한 연구가 이루어지지 않았다는 점이 아쉽다. 목포 근대역사문화공간에 대한 연구가 여전히 부족하거나 제대로 정리되지 않은 듯하다. 흑린각 리모델링을 위해 자료를 조사하던 중에도 누구 하나 구 갑자옥 모자점과 흑린각이 하나의 건물이었음을 언급하지 않았던 것 같다.

너욱이 구 갑자옥 모자점을 모자 아트갤러리로 계획하면서 그 역사적 상징성과 지역적 정체성을 고려했다면, 두 건물이 본래 하나였다는 사실을 파악해야 했다. 처음부터 구 야마하 선외기 건물을 매입하기보다는 흑린각을 우선적으로 매입해야 했다는 생각이 든다. 구 갑자옥 모자점 리모델링을 진행하며 어느 시기를 기준으로 복원할지를 깊이 고민하고 자문했더라면, 이런 오류는 피할 수 있었을 것이다.

현재의 구 갑자옥 모자점 건물은 상징성이 거의 없다. 주민들이 지금의 모습을 기억하고 있다는 이유로 1966년에 지어진 건물의 형태를 기준으로 리모델링된 것 같지만, 이 건물이 의미를 가지는 진짜 이유는 조선인 문공언 씨의 소유였기 때문이다. 만약 문공언 씨가 최초로 소유했던 1920년대의 원형을 기준으로 복원했더라면, 이 거리 전체의 역사적 가치 또한 한층 높아졌을 것이다. 이런 아쉬움 속에서 흑린각의 보존과 복원은 더욱 중요하다. 흑린각은 구 갑자옥 모자점의 원형이기 때문이다. 흑린각이 사라진다면, 구 갑자옥 모자점의 역사적 맥락도 함께 사라지고 말 것이다.

목포시가 매입한 구 야마하 선외기 건물은 외엮기 흙벽 구조로, 상태가 매우 열악했다. 기둥만 간신히 남아 있었고, 벽체와 지붕은 모두 새로 손봐야 할 정도였다. 2021년 당시 리모델링 공사비는 약 5억 원으로 추산되었다. "차라리 허물고 다시 짓는 것이 더 경제적일지도 모른다"는 말도 나왔다. 그러나 역사를 지키는 일이 돈의 문제일 수는 없다. 후에 전해 들은 바로는 리모델링 비용이 약 3억에서 3억 5천만 원 정도로 줄었다고 한다. 하지만 결과를 보았을 때, 그 실망감은 적지 않았다. 내가 느낀 실망은 아마 나만의 것이 아닐 것이다. 그 건물을 본 이들은 하나같이 아쉬움을 토로했다.

구 야마하 선외기 건물의 원래 지붕에는 일식 기와가 상당 부분 남아 있었다. 50% 이상은 충분히 재사용할 수 있었음에도 불구하고, 리모델링 과정에서 원래의 기와는 모두 사라졌다. 대신 지붕 전체를 컬러강판으로 교체했고, 정면 1층의 돌출처마 역시 컬러강판으로 시공되었다. 목포시조차도 다시 쓸 수 있는 일식 기와를 없앤 상황에서, 누가 그 가치를 지키고자 노력할 수 있을까? 주요 외벽 재료였던 비늘판벽도 원형과는 거리가 멀었다. 창문의 크기와 비늘판벽 간격 모두 옛 모습과 맞지 않았다. 옛 사진만 봐도 충분히 참고할 수 있는 부분이었기에 아쉬움은 더 깊었다.

특히 배면의 비늘판벽은 폭이 넓고 길이가 지나치게 길어, 오늘날의 공장이나 창고 건물에서 흔히 볼 수 있는 외장재 패널과 비슷한 느낌마저 들었다. 긴 비늘판벽을 사용하다 보니 길이가 일정하지 않고 끝부분이 휘어져 있었으며, 이를 보완할 졸대(벽, 천장 따위의 흙 바름이나 회반죽 바름에 윗가지로 쓰는 가느다란 나무)조차 제대로 설치되지 않았다. 졸대는 장식이 아니라 비늘판벽의 기능적, 미적 완성도를 높이는 중요한 요소다.

이러한 문제들이 발생한 근본적인 이유는 근대건축 리모델링 과정에서 원형을 기준으로 삼는 보존 원칙이 부재했기 때문이다. 일식 기와의 보존, 비늘판벽의 크

구 갑자옥 모자점 건물의 리모델링 후

구 야마하 선외기 건물의 리모델링 후

기, 목조 가옥의 색채 등 세부 사항에 대한 명확한 가이드라인이 없으니, 리모델링 결과물이 원형과 멀어질 수밖에 없었다. 근대건축 리모델링의 원칙과 기준이 없다면, 역사적 건축물은 본래의 가치를 잃고 과거의 흔적으로만 남게 될 것이다. 역사는 우리의 과거를 비추는 거울이며, 이를 제대로 지키는 일이야말로 우리의 미래를 준비하는 일이다.

쉼터가 되지 못한 쉼터

흑린각의 배면에 위치한 쉼터는 2021년 말까지도 뚜렷한 계획이 없었다. 소공연장과 간단한 시설물을 설치하고 오픈스페이스 형태로 활용하겠다는 정도의 모호한 구상이 전부였다. 일본 나가하마 시의 도시재생 사례를 떠올려보면, 그곳에서는 연속된 마치야(町屋, まちや, 상가)의 뒤쪽에 자리한 우라니와(裏庭, うらにわ, 뒤뜰) 공간을 도시의 허파 역할을 하는 광장으로 조성하고, 이를 주변 건축물과 연결하여 도시를 열린 구조로 만들어 지역 활성화에 성공했다. 흑린각 배면의 쉼터 역시 이처럼 광장 형태로 조성하고, 주변 건물과 유기적으로 연결하여 도시의 열린 구조를 만들어야 했다.

그러나 2023년에 공사가 완료된 현재의 모습은 기대와는 정반대다. 쉼터는 주변 건물과의 연결이 완전히 단절된, 말 그대로 불통의 공간이 되어버렸다. 그곳에 앉아 있으면 흑린각을 제외한 모든 방향이 벽으로 둘러싸여 있다. 그러니 간혹 모자 아트갤러리 2관에서 나온 사람들이 흡연 장소로 사용하는 정도다. 이런 공간이 조성되었는지조차 모르는 사람들이 대부분이고, 그 쓰임은 애초의 목적에 미치지 못하고 있다.

일본 전통 주택에는 나가야와 마치야라는 두 가지 주요 유형이 있다. 나가야는 서민들이 거주하던 연립 주택으로, 각 세대가 한 줄로 나란히 배치된 구조다. 나가야 뒤쪽에는 회소지回所地라는 공간이 위치하며 이곳에는 공동 화장실, 우물, 수목 등이 배치되어 있어 주민들이 공동생활을 하도록 돕는다. 회소지는 생활공간이자, 지진이나 화재 같은 재난 상황에서 피난 장소로 사용되기도 하며, 주민들이 모여 소통하고 교류하는 사회적 공간이다. 이 공간은 공동체 의식을 강화하고 생활의 편리함을 높인다.

　반면 마치야는 상인들이 거주하던 상점 주택으로, 도로에 접한 면은 좁지만, 안쪽으로 길게 뻗어 있는 독특한 구조를 지닌다. 마치야 뒤쪽에는 우라니와라 불리는 정원이 자리 잡고 있다. 우라니와는 개별 가정의 뒤뜰로, 다양한 식물과 나무가 심겨 있어 가족들이 휴식을 취하거나 여가를 즐길 수 있는 공간이다. 이곳은 일본 전통 조경 양식을 반영하며, 자연과의 조화를 이루는 조용하고 평화로운 환경을 제공한다.

흑린각 배면에 위치한 쉼터. 주변 건물과 연결이 차단되어 있다.

흑린각의 배면 쉼터는 이러한 전통적인 공간 활용의 지혜를 반영해야 했다. 사람과 공간, 그리고 시간이 연결되는 쉼터야말로 도시 재생의 진정한 가치를 만들어낼 수 있다. 그렇지 못한 지금의 모습은 아쉬움으로 남을 뿐이다.

쉼터를 조성할 때 가장 중요한 것은 그 공간이 담고 있는 역사적 맥락을 존중하는 일이다. 일본의 나가야에 위치한 회소지나 마치야의 우라니와처럼 전통적 공간 구조를 참고하여, 쉼터에는 과거의 가치와 현대적 기능이 어우러져야 한다. 현대적 설계에 치중하는 대신, 역사와 현재가 조화를 이루는 공간으로 거듭나야 한다. 쉼터는 주변 건물과 유기적으로 연결되어 하나의 통합된 공간으로 설계되어야 하며, 이로써 접근성을 높이고 활용도를 극대화할 수 있다.

쉼터는 차폐된 공간이 아니라 열린 구조로 설계되어야 한다. 이렇게 하면 공간의 개방성과 유연성을 확보할 수 있으며, 시각적으로도 주변과 자연스럽게 연결된다. 다양한 활동을 수용할 수 있는 다목적 공간으로 활용할 수 있게 만들어야 하며, 이는 주민과 방문객 모두에게 유익한 공간이 될 것이다.

쉼터 조성의 궁극적인 목표는 지역 활성화다. 열린 공간은 자연스럽게 사람들이 모이고 소통할 수 있는 장이 되고, 이는 지역의 경제와 문화의 발전으로 이어질 수 있다. 쉼터는 사람과 사람, 사람과 공간이 교감하는 장소로서, 지역사회에 새로운 활력을 불어넣는 역할을 해야 한다. 이러한 공간은 공동체의 중심이 되어, 지역의 정체성과 가치를 되살리는 데 기여할 것이다.

옛 사진에서 발견한 흑린각

흑린각은 1935년에 지어진 일본식 건물로, 그 자체가 일제강점기의 상흔과 해방 후 우리 사회의 생활사적 변화를 담아낸 귀중한 증거물이다. 이러한 점에서 흑린각의 보존은 과거를 간직하는 일이 아니라, 지역의 역사적 가치를 지키고 미래로 이어주는 중요한 과업이라 할 수 있다. 하지만 현재의 흑린각은 주변 가로경관과 조화롭지 못하며, 쉼터를 찾은 이들이 흑린각의 지저분하고 흉측한 뒷모습을 마주할 수밖에 없는 상황이다. 이를 해결하기 위해 흑린각의 리모델링은 더 이상 미룰 수 없는 과제가 되었다.

리모델링 계획을 세우던 중, 마치 운명처럼 옛 사진이 발견되었다. 목포 근대역사문화공간을 둘러보던 중, 구 갑자옥 모자점 건물의 곡각부(휘어진 부분이나, 꺾인 부분) 창문에 인쇄된 두 장의 옛 사진이 눈에 들어온 것이다. 그 사진은 현재의 구 갑자옥 모자점 사거리에서 각각 해안로와 번화로 방향을 찍은 것이었는데, 흑린각의 원래 모습을 밝히는 중요한 단서를 제공했다. 우측 사진에는 구 갑자옥 모자점과 구 야마하 선외기 건물의 옛 모습이, 좌측 사진에는 구 갑자옥 모자점과 흑린각 건물의 옛 모습이 선명하게 담겨 있었다.

그 순간, 마치 새로운 세계가 눈앞에 펼쳐진 듯한 전율이 일었다. 사진 속에 담긴 과거의 모습이 생생히 살아나며, 흑린각이 지닌 본래의 아름다움과 역사적 무게를 다시금 깨닫게 했다. 나는 한참을 사진에서 눈을 떼지 못하다가, 마침내 핸드폰을 꺼내 그 장면을 서둘러 담았다. 마치 오래된 비밀을 발견한 탐험가처럼 가슴이 벅차올랐다. 흑린각의 원형을 되살릴 실마리가 손에 쥐어진 것이다. 이 순간은 흑린각 복원의 새로운 시작을 알리는 신호였다.

흑린각의 오래된 사진을 마주한 순간, 나는 결심했다. 이 건물의 외관을 반드시 원형대로 복원해야겠다고. 시간의 흐름 속에서 잃어버린 흑린각의 본래 모습을 되찾는 일은 그 시대의 숨결을 되살리는 일이었다. 그 후, 나는 역사 자료를 철저히 조사하며 흑린각의 원래 모습을 최대한 반영하는 리모델링 계획을 세우기 시작했다.

건물의 정면은 그 건물의 얼굴이다. 마치 사람의 표정처럼, 건물의 정면은 그 자체로 이야기를 전한다. 흑린각의 파사드(건축물의 정면 외벽)를 복원하는 일은 건물의 역사적 가치를 되살리고, 주변 가로경관과 조화를 이루는 중요한 작업이었다. 이를 위해 나는 옛 사진을 샅샅이 분석하며 리모델링의 방향을 잡았다. 이 과정에서 건축 역사학자, 보존 전문가, 건축가들에게 자문해 리모델링 계획을 구체화해 나갔다.

리모델링의 목표는 단 하나였다. 흑린각의 원형을 최대한 보존하면서도 현대적 편의성을 조화롭게 결합하는 것. 이는 과거와 현재, 전통과 현대 사이의 균형을 이루는 일이었다. 옛 사진과 자료를 바탕으로, 원래 사용되었던 재료를 최대한 활용하기로 했다. 예를 들어, 일식 기와를 정성스레 복원하고, 회벽(석회를 반죽하여 만든 벽)의 간격과 창문의 크기 또한 원형대로 맞추었다. 이 모든 작업은 흑린각의 본래 모습을 되살리는 동시에, 현재의 요구를 충족시키는 균형 잡힌 접근이었다.

흑린각의 리모델링은 그저 그런 건축 공사가 아니다. 그것은 역사의 흔적을 보존하고, 그 가치를 미래 세대에게 전하는 일이다. 과거와 현재가 어우러진 이 건축물은 시간이 흘러도 변하지 않는 진정한 문화유산으로 자리 잡을 것이다.

구 갑자옥 모자점 건물에 붙어 있던 흑린각의 옛 모습

3
흑린각의 역사를 읽다

**흩어진 조각을
하나하나 찾아서**

흑린각은 오랜 시간 상점과 주택으로 사용되어 온 평범한 건물이었다. 그 규모나 소유자에 특별한 특징이 없었기에, 역사적 기록을 찾는 일이 결코 쉽지 않았다. 목포와 관련된 사진 속에서 흑린각의 흔적을 찾아내고 이를 해석하는 일이야말로 이 건물의 역사를 밝혀내는 거의 유일한 방법이었다. 다행히 당시 사진 기술이 발달해 있었고, 중요한 사건을 기념하기 위해 촬영된 사진들이 있었다. 그 사진들은 목포 근대역사문화공간의 모습을 간직한 소중한 단서가 되었다.

구 갑자옥 모자점 건물의 곡각부 창문에서 발견된 흑린각의 옛 모습을 담은 사진을 확보하기 위해 목포시에 연락했다. 처음에 받은 사진은 해상도가 낮아 세부 사항이 잘 보이지 않았다. 나는 혹시 더 선명한 사진을 받을 수 있을지, 창문에 부착할 때 잘린 주변부가 더 있을지 고민했다. 다행히 해상도가 조금 더 높은 사진을 받았고, 이를 컴퓨터로 확대하고 각도를 조정해 가며 분석했다. 비율을 재고 요소를 비교하는 과정을 반복하며, 흑린각의 원형에 한 걸음 더 다가갈 수 있었다.

이 과정에서 한국학중앙연구원 디지털인문학연구소의 도움은 매우 큰 힘이 되었다. 그곳의 연구원과 함께 다양한 자료를 검토하며 퍼즐을 맞추듯 흩어진 조각들을 하나씩 연결해 나갔다. 흑린각의 원형을 찾아가는 여정은 연구를 넘어서는 즐거움이었다. 때로는 쓸모없어 보이는 대화 속에서 창의적인 아이디어가 나오기도 했다. 연구원과 나눈 대화는 흑린각의 역사적 원형에 더 가까워지게 해주는 소중한 시간이었다. 이렇게 한 발 한 발 다가가는 과정은, 그 자체로 흑린각의 역사와 숨결을 되살리는 일이었다.

한 개인이 건물의 역사에 관심을 두고 이를 연구하는 일은 결코 쉬운 일이 아니다. 과거의 흔적을 더듬어 현재로 이어지는 이야기를 찾아내기 위해서는 많은 노력이 필요하다. 흑린각의 역사를 밝혀내기 위해 나는 목포시에 사진 자료를 요청하고, 한국학중앙연구원에서 다양한 자료를 수집하며 부단히 애썼다. 이 과정은 시간과 정성을 들여야 하고, 건물의 역사를 조사하고 해석하는 데에는 무엇보다도 열정이 필요했다.

결국, 건물의 주인은 그 누구보다도 자기 건물에 대한 깊은 애정과 관심을 가질 수밖에 없다는 생각이 든다. 이 애정은 건축물이 품고 있는 시간의 무게와 이야기에 대한 경외이자, 그 건축물이 자리한 도시와의 연결고리를 이어가려는 책임감이다. 목포시도 그러해야 한다. 흑린각과 같은 건축물은 도시의 역사적 맥락을 지탱하는 뿌리와 같기에, 그 가치를 알고 지키는 노력은 도시 전체의 기억을 보존하는 일이기도 하다.

'영정'에서 '번화로'까지 지명의 의미

흑린각이 자리 잡고 있는 곳은 일제강점기 동안 일본인의 중심 거주지였다. 1914년 행정구역 통폐합으로 인해 이 지역은 '영정1-2정목榮町一-二丁目'으로 불리게 되었다. '영정(榮町, 사카에마치)'은 '번영하는 마을' 또는 '번창하는 거리'를 뜻하며, 이는 일본이 식민 통치하의 특정 지역에 부여한 지명으로, 그들이 지배한 지역의 상업적 번영을 강조하기 위한 의도가 담겨 있다. 당시 일본인들이 많이 거주하며 상업 활동이 활발히 이루어진 곳에 붙여진 이름인 셈이다. 이러한 '영정'은 목포뿐만 아니라 익산, 마산 등지에도 존재했으며, 지금도 일본 전역에서 흔히 발견되는 지명이다.

1948년 4월, 일제 잔재를 청산하려는 움직임의 일환으로 '영정'이라는 지명은 '영해동榮海洞'으로 변경되었다. '영해동'은 '영정'의 '영榮' 자를 유지하면서도, '많이 모인 곳'을 의미하는 '해海' 자를 더해 이 지역의 정체성을 새롭게 표현하려는 의도로 보인다. 1949년, 목포부가 목포시로 개칭되면서 영해동은 법정동으로 자리 잡았다. 이후 2009년 도로명 주소가 시행되면서 이 지역은 '번화로'라는 이름을 얻게 되었다. '번화로' 역시 여전히 경제적, 상업적 중심지임을 나타내며, 과거 '영정'의 번영과 활기를 현대적으로 계승하고 있음을 상징한다.

이렇게 이름의 변화 속에서도 이 지역은 언제나 그 정체성을 잃지 않았다. 시대와 정권이 바뀌어도 장소에 깃든 이야기는 이어지며, 그 속에 담긴 삶과 역사의 흔적은 오늘날에도 우리에게 말을 걸고 있다.

지역의 이름은 몇 차례 바뀌었지만, 그 속에 담긴 이미지는 시간의 흐름 속에서도 변하지 않았다. '영정榮町'에서 '영해동榮海洞', 그리고 오늘날의 '번화로'에 이르기까지, 이 지역은 언제나 변화와 활기를 상징해왔다. 지명의 변화는 이름을 바꾸는 데 그치지 않고, 일제강점기부터 현재에 이르는 동안 지역의 역사적, 문화적 정체성을 반영하며, 주민과 방문객들에게 이곳의 가치를 전하고 있다.

특히 흑린각 앞길은 한때 '긴자(銀座, 은좌) 거리라 불렸던 흔적을 간직하고 있다. '45쪽 그림'의 오른쪽 가로등에 부착된 광고등에는 '銀座通り(긴자도오리, 긴자 거리)'라는 글씨가 보이며, 동일한 광고등이 가로등마다 줄지어 부착된 것으로 보아 이곳이 긴자 거리로 불렸음을 짐작할 수 있다. 긴자라는 명칭은 일본에서 번화가의 대명사

일본 동경교통사에서 1929년에 펴낸 '대일본직업별명세도'에 있는 목포 구시가지

처럼 사용되었고, 다른 지역에서도 주요 상업 거리를 '銀座通り'라고 불렀다. 이를 통해 '영정' 일대가 당시의 번화가였으며, 현재의 '번화로'와도 깊은 연관성이 있음을 알 수 있다.

오늘날의 긴자는 일본 도쿄도 주오구의 번화가로, 명품 매장이 밀집한 상업의 중심지다. 이는 한국의 명동과 비슷한 상업 거리로, 많은 사람들이 모여드는 곳이다. 이러한 역사적 배경을 통해, 이 지역이 상업적 중요성과 번영의 중심지였음을 다시금 확인할 수 있다.

흑린각과 구 갑자옥 모자점이 위치한 이 지역은 일제강점기 동안 목포의 상업 중심지였다. 1929년에 동경교통사에서 발간한 '대일본직업별명세도 목포부'의 일부에 따르면, 당시 이 거리는 상업 거리이자 목포에서 가장 번화한 지역이었다. 빈 점포가 없을 정도로 가구점, 양복점, 잡화점, 시계점 등이 빼곡히 들어서 있었다. 이 거리가 '긴자 거리'로 불릴 만한 이유가 여기에 있다. 빨간 점선으로 표시된 부분에 지금의 흑린각이 위치하고 있으며, 당시에는 흑린각과 구 갑자옥 모자점 모두 잡화점으로 사용되었다. 구 갑자옥 모자점 자리에는 내산잡화점內山雜貨店이, 흑린각 자리에는 보중잡화점寶中雜貨店이 있었다. '보중잡화점'은 37쪽 사진 속 간판에 쓰인 가게 이름과도 일치한다. 이 시기까지는 '갑자옥 모자점'이라는 이름이 등장하지 않았다.

이 거리는 이름과 기능이 바뀌어도 여전히 그 활기를 품고 있다. 이 지역은 시간의 흔적을 간직한 채, 상업과 문화가 어우러지는 공간으로 남아있다.

흑린각과 갑자옥 모자점은 한 건물

1928년, 쇼와 천황의 즉위를 기념하며 이보리상점井堀商店에서 엽서를 발행하였다(43쪽 그림(좌)). 엽서의 정확한 발행 시기는 알 수 없으나, 쇼와 천황 즉위식이 열린 1928년 11월 10일 이전일 것으로 추정된다. 43쪽 그림(좌)은 발행 시기와 출처가 명확하지 않지만, 쇼와 천황 즉위식과 동일 시기 혹은 그와 유사한 시기에 발행된 것으로 보인다.

1932년 12월 25일, 목포항 개항 35주년을 기념하여 목포신보사木浦新報社에서 '개항만 35주년 기념 목포사진첩'을 발행하였다(43쪽 그림(우)). 이 사진은 개항식이 열린 10월 1일 이전에 촬영된 것으로 추정된다.

이 두 엽서와 사진을 비교하며 흑린각의 과거를 살펴보면 새로운 단서를 발견할 수 있다. '43쪽 그림(좌)'에서는 구 갑자옥 모자점 건물(1층 건물)과 흑린각 건물(2층 건물)이 별개의 건물로 보인다. 반면, '43쪽 그림(우)'에서는 구 갑자옥 모자점(2층 건물)과 흑린각(2층 건물)이 지붕이 끊김 없이 연결된 하나의 건물처럼 보인다. 이는 구 갑자옥 모자점이 원래 1층 건물로 시작했다가 후에 2층으로 증축된 것이며, 흑린각은

좌: 이보리상점에서 발행한 엽서, 우: 개항만 35주년 기념 목포사진첩

처음부터 2층 건물이었음을 시사한다. 이 두 건물은 나가야 형식의 합벽으로 지어진 것으로 보인다.

만약 그렇다면, '구 갑자옥 모자점'과 '흑린각'은 하나의 건물로 리모델링되어야 한다. 두 건물을 하나의 건물로 연결함으로써, 이곳은 지역의 거점 역할과 상업지로서의 역사적 연속성을 더욱 분명히 보여줄 수 있다. 특히 구 갑자옥 모자점은 사거리의 시작점으로서 목포 근대역사문화공간의 중심에 위치해 있어 그 중요성이 더욱 부각된다. 흑린각과 구 갑자옥 모자점의 리모델링은 이와 같은 역사적 맥락을 충분히 고려하여 이루어져야 한다. 이를 통해, 이 지역은 과거와 현재가 어우러진 공간으로 다시 태어날 수 있을 것이다.

'갑자옥'과 '갑자년'은 우연일까

흑린각의 건축 시기를 추정하는 데 중요한 단서가 되는 자료들이 있다.

'44쪽 그림(좌)'은 1928~1932년 사이 목포 오키나가 상점 그림엽서부木浦沖永商店繪葉書部에서 발행한 '목포명소 그림엽서木浦名所繪葉書帖'다. 이 엽서를 통해 갑자옥 모자점과 흑린각이 합벽으로 연결된 하나의 건물이었음을 알 수 있으며, 이는 갑자옥 모자점 개업 전의 모습이다. 갑자옥 모자점이 문을 열기 전, 이곳은 화장품을 판매하던 상점으로 보인다. 엽서 속 사람들의 의복 형태와 가스등(영란등, 鈴蘭燈) 가로등이 설치되기 전의 모습으로 보아 1925년 11월 이전으로 추정된다. 건물 앞 전신주에는 1924년 12월 개업한 미나카이 백화점의 광고물이 붙어 있었는데, 그 시기와 상태로 보아 최대 1924년 즈음의 모습일 가능성이 크다.

'44쪽 그림(중)'은 '44쪽 그림(좌)' 이후에 발행된 것으로 보이는 발행자 미상의 엽서다. 이 엽서 속 장면은 가스등 가로등이 설치된 후의 모습이며, 화장품점은 폐점되었지만 갑자옥 모자점은 아직 개업하지 않은 상태다. 따라서 이 사진은 '44쪽 그림(좌)'의 이후, '44쪽 그림(우)'의 이전 시기로 추정된다. 특히 사람들의 의복 형태와 자료에서 영란등 설치시기를 1926년으로 추정한 내용을 바탕으로 보면, 이 사진은 1926년 8월 이전에 촬영된 것으로 보인다.

좌: 목포 오키나가 상점 발행 엽서, 중: 발행자 미상 엽서, 우: 목포신보사 발행 엽서

44쪽 하단 그림(우)의 흑린각 부분을 확대하여 본 외관

'44쪽 그림(우)'은 1932년 12월 25일 목포신보사木浦新報社에서 발행한 '개항만 35주년 기념 목포사진첩'이다. 이 사진은 '43쪽 그림(우)'과 동일한 시기의 촬영본으로, 가스등이 설치된 이후 갑자옥 모자점이 개업한 모습을 담고 있다.

갑자옥 모자점은 문공언 씨가 설립한 상점으로, 설립 시기는 1924년 갑자년에 시작되었다는 설도 있다. 그러나 1937년 동아일보 인터뷰에서 문공언 씨는 "갑자옥 모자점이 10여 년 되었다"라고 언급하며, 이를 근거로 1927년 개점했을 가능성이 높다. 문공언 씨의 인터뷰만으로는 설립 시기를 단정 짓기 어렵지만, 다른 자료에서도 1927년 설립으로 추정하고 있다. 문공언 씨가 1927년 3월 오사카 낭화浪華 상고를 졸업한 사실을 통해 볼 때, 갑자옥 모자점의 개업 시기는 1927년 3월 이후로 추정된다.

이러한 자료들을 통해 우리는 흑린각과 갑자옥 모자점의 역사를 더 구체적으로 이해할 수 있다. 그들의 시간은 오늘날까지 이어지는 역사의 흔적이자 그 의미를 되새기게 하는 귀중한 단서다.

'44쪽 그림(좌)'과 '44쪽 그림(중)'을 비교하면, 가스등이 설치되고 간판이 늘어나며 거리에 사람들이 많아져 활기를 띤 모습이 뚜렷하다. 이는 두 사진의 촬영 시기가 다름을 보여준다. '44쪽 그림(우)'에서는 '44쪽 그림(중)'보다 더 많은 사람들이 거리를 채우고 있으며, 대부분 모자를 착용하고 있다. '44쪽 그림(우)'의 갑자옥 모자점 측면 사진에 '갑자옥 지점'이라는 간판이 보이는 것으로 미루어, '갑자옥'이라는 건물은 원래 존재했으며 이후 모자점이 추가된 것으로 보인다.

갑자옥 모자점이 위치한 건물의 상태, 촬영 연도, 주변 상점의 변화를 종합적으로 살펴보면, 흑린각과 갑자옥 모자점은 하나의 건물로 연결되어 있다. 이러한 역사적 배경을 통해 흑린각과 갑자옥 모자점은 각각의 역할과 상품을 가지고 있었음을 알 수 있다. 당시 목포의 상업 중심지로서 이들의 중요성은 매우 컸다. 사진들은 흑린각과 구 갑자옥 모자점의 역사적 가치를 이해하고 보존하는 데 있어 중요한 단서를 제공한다.

특히 흑린각은 '44쪽 그림 전체'에서 동일한 위치와 간판을 유지하고 있다. 이 사진들을 통해 흑린각에는 두 개의 가게가 있었고, 각각 다른 상품을 판매했음을 알 수 있다. 좌측 가게의 간판에는 생선 모양과 '중매인'이라는 단어가 적혀 있다. 이 생선은 '복어'로 추정되며, 건물 소유주였던 나카무라 도시사부로가 어류 중매인으로 활동하며 영정에서 '우오리'라는 상호로 영업했다는 사실과 일치한다. 좌측 가게에서 나카무라 도시사부로가 어류 중매를 했을 가능성이 높다. 가게의 규모가 작았던 점을 감안하면 그는 다른 장소에서도 영업했을 것이다. 우측 가게는 간판과 구조가 변하지 않은 것으로 보아, 갑자옥 모자점이 생기기 전부터 메리야스(소매 없는 윗 속옷)와 모자 등을 판매하던 잡화점이었을 가능성이 크다. 이는 '41쪽 그림.'의 '대일본직업별명세도 목포부'에 등장하는 '보중잡화점'과도 일치한다. '44쪽 그림(좌)'에서는 1920년대 초에 비누를 판매했던 사실도 확인된다. 구 갑자옥 모자점 자리에서는 '44쪽 그림(좌)'를 통해 갑자옥 모자점 개업 이전에 화장품을 판매했던 것으로 보인다. '44쪽 그림(우)'에서는 돌출 창이 설치되며 갑자옥 모자점이 탄생하게 된다.

건물 상태와 촬영 연도(1928~1932년)를 고려할 때, 흑린각의 건축 시기는 갑자년(1924년) 전후로 추정된다. '44쪽 그림 전체'에 나타난 사진 속 의복 형태, 가스등 설치, 화장품 가게 등을 살펴보면 1925년 11월 이전에 건축된 것으로 보인다. 1924년이 갑자년이었기에 이때 건축되어 '갑자옥'이라 불렸을 가능성도 있다. '갑甲'은 십간의 첫째로 우두머리를 의미하므로, 위치적으로 사거리 첫 번째 건물을 지칭했을 수도 있다.

흑린각과 갑자옥 모자점이 위치한 건물은 '갑자옥'으로 불렸을 가능성이 높다.

그런 의미에서 흑린각은 단순한 상점이 아니라, 목포의 상업적 역사를 품은 중요한 유산이다. 이를 보존하고 연구하는 일은 곧 그 시대의 삶을 재조명하는 일이다.

흑린각이 복원되어야 하는 이유

흑린각은 '44쪽 그림 전체'의 사진에서 동일한 외관을 유지하고 있으며, 이는 2017년 매입 당시의 외관과도 상당히 유사하다. 이 사진들을 통해 흑린각과 구 갑자옥 모자점은 하나의 건물로 연결된 나가야 형태였음을 확인할 수 있다.

1층은 주로 상가로 사용되었고, 2층은 주거 또는 창고로 활용되었을 가능성이 크다. 만약 2층에서 도코노마(床の間, 일본식 방에 바닥을 방의 바닥보다 높게 만들어 꽃꽂이나 인형으로 장식하고 족자를 걸어 놓은 곳)나 오시이레(押入, おしいれ, 일본식 벽장)의 흔적이 발견되었다면 주거용으로 사용되었음을 더욱 확신할 수 있었겠지만, 내부 변형이 많아 정확한 용도를 파악하기는 어렵다. 다만 창문의 형태로 미루어 볼 때, 2층을 주거용으로 사용했을 가능성이 높다.

나가야는 상점과 주거가 결합한 형태로, 때로는 주거 없이 상업용으로만 사용되기도 한다. 상점으로 활용된 나가야의 경우 1층은 점포, 2층은 창고로 사용되었으며, 여관으로 운영되었다면 1층은 주점, 2층은 객실로 쓰였을 것이다. 상점이라 해도 2층에 객간(客間, 집의 안채와 떨어져 손님을 접대하는 곳)을 두는 경우도 있었다. 이러한 나가야의 용도는 소유주에 따라 달라지는데, 나가야를 여러 채 소유한 경우 상업적 활용과 주거가 함께 이루어지기도 했다. 예를 들어, 목포 부립관사를 소유했던 모리타라는 사람은 여러 채의 나가야를 소유하며 상업과 주거를 병행한 사례를 보여준다. 이처럼 나가야는 상업적 목적을 중심으로 설계되었지만, 필요에 따라 주거 기능이 부수적으로 추가되기도 했다.

흑린각 건물은 목조로 지어졌으며, 지붕은 맞배지붕 형태에 일식 기와를 사용하고 있다. 외벽은 회벽 마감으로 마감 처리되었으며, 이는 당시 주요 외벽 마감 재료인 목재 비늘판벽과 회벽 마감 중 하나에 해당한다. 건물의 전체 길이는 약 7m이며, 한 개 동을 각각 4m와 3m 크기로 나누어 사용한 것으로 보인다. 2층 외벽에 설치된 기둥을 기준으로 크기를 추정해 보면, 왼쪽부터 벽면(1.0m), 창문(2.0m), 벽면(1.5m), 창문(1.5m), 벽면(1.5m) 순으로 구성되어 있다. 마지막 벽면이 1.0m인 점을 고려하면, 이 부분까지가 흑린각의 경계로 보인다.

1층의 돌출 창호는 쇼윈도 형태로 유리가 사용되었으며, 기단부는 타일로 마감되었다. 출입문은 목창호에 유리를 사용하고 있고, 상부 처마는 기와로 마감되었으며, 그 끝에는 천으로 만든 노렌(暖簾, 추위를 막기 위해 만든 겨울용 발 혹은 커튼)이 두 개 걸려 있다. 돌출 창호와 처마 사이는 약간의 간격이 있으며, 이는 1920년대 주변 상가들의 특징과 유사하다. 하지만 매입 당시의 형상이 임대와 사용 과정을 거치며 변형되었음을 보여준다.

1층 지붕 위에는 목재 간판이 얹혀 있다. 간판은 지지대 위에 설치되었고, 뒤쪽에는 걸대가 있어, 도로에서 잘 보이도록 상부가 도로 쪽으로 경사지게 배치되어 있다. 2층의 창호는 크기가 서로 다른 두 개로, 일정한 간격을 두고 떨어져 있으며, 목창호에 유리를 사용하고 있다. 창호 처마는 목재로 되어 있고, 창호 처마와 돌출 난간은 창호 크기에 따라 분리되어 있다.

이러한 설계는 해안로 방향의 구 갑자옥 모자점의 입면과도 유사하다. 건물의 외벽, 지붕, 1층의 돌출 창호, 상부 처마, 출입문, 간판, 2층의 창호, 돌출 난간, 창호 처마 등이 동일한 디자인이어서, 두 건물이 하나였음을 짐작하게 한다. 그러나 인접한 구 야마하 선외기 건물은 외벽 마감(목재 비늘판벽)과 창호 형상(오르내리기창)이 흑린각과는 완전히 다르다.

이처럼 명확한 사진 자료를 바탕으로, 흑린각을 원형대로 복원해야 할 이유가 더욱 분명해진다. 이 건물이 지닌 역사적, 문화적 가치를 보존함으로써 지역의 역사와 문화를 이해하는 데 기여할 수 있다. 흑린각의 외관을 원형대로 복원하면, 목포의 근대 역사를 생생하게 느낄 수 있는 귀중한 유산으로 남길 수 있을 것이다.

흑린각을 원형대로 복원하자

4
복원 전에 던져야 할 질문들

일본의 목조 가옥에서 배운 지혜

흑린각을 원형대로 복원하기 위해 역사 자료와 유사 사례를 모으기로 했다. 옛 사진을 참고하더라도 보이지 않는 부분이나 내부 구조는 알기 어렵기 때문이다. 목포 근대역사문화공간은 몇 년 사이 크고 작은 변화를 겪었다. 2017년만 해도 음료 한 잔 마실 곳조차 찾기 힘들었지만, 이제는 음식점, 커피숍, 사진관, 다과점 등 다양한 가게들이 생겨났다. 나는 이왕 시작한 김에 근대역사문화공간 내 리모델링된 적산가옥들을 직접 돌아보기로 했다. 그러나 리모델링된 건물들에서는 철학이나 원칙을 찾기가 어려웠다. 목포시가 주도한 리모델링 건물조차도 예외는 아니었다. 분명한 것은, 흑린각의 리모델링만큼은 이렇게 하면 안 되겠다는 원칙을 세울 수 있었다는 점이다.

이 문제는 여러 의미를 내포한다. 목포시가 근대역사문화공간 내 리모델링을 진행하면서 명확한 기준이나 가이드라인을 제공하지 않았을 가능성이 크다. 근대건축물에 대한 명확한 지침 없이 일관성 있는 결과를 기대하기 어렵다. 그 결과, 리모델링된 건물이 역사적 가치를 온전히 보존하지 못하는 위험이 발생할 수 있다.

흑린각을 리모델링할 때, 명확한 방향과 원칙을 설정해야겠다는 다짐으로 전주, 강경, 구룡포, 대구, 인천, 군산에 남아 있는 근대건축물을 찾아다녔다. 한 지인은 인천 근대역사거리의 '카페 팟알'을 추천해 주었다. 흥미로웠던 것은 '카페 팟알'과 비교되는 사례를 함께 소개받았는데, 잘못된 리모델링이 어떤 결과를 초래하는지 보여주는 사례였다. 문득, 일본에서 받았던 '최악의 디자인 100선'이라는 책이 떠올랐다. 적어도 흑린각이 그런 잘못된 사례로 언급되는 일은 없어야겠다는 결심이 들었다. 흑린각 리모델링에는 철저한 원칙과 세심한 고민이 뒷받침되어야 한다.

일본에서도 나가야나 마치야가 잘 보존된 교토 시 기온 지구, 가나자와 시 히가시차야가이, 토야마 시 이와세 마을, 다카야마 시 전통건조물군보존지구(이하 전건지구), 나가하마 시 쿠로가베 지역, 구라시키 미관 지구, 아리타 시 전건 지구, 가와고에 시 전건 지구를 돌아본 경험은 흑린각 복원의 답을 찾는 데 많은 영감을 주었다. 당시 찍어둔 사진들을 하나하나 살펴보며, 역사와 현대가 공존하는 공간에서 얻을 수 있는 힌트를 모았다.

특히 흑린각의 배면에 현대적 디자인을 가미해야 하는 부분에서는 일본 나가야와 마치야의 리모델링 사례가 좋은 참고가 되었다. 오래된 도시나 방문객이 많은 지역에서 이러한 사례를 쉽게 발견할 수 있었다. 교토는 물론, 젊은 층 사이에서 명소로 자리 잡은 가와고에의 사례도 흥미로웠다. 블루보틀 교토, 블루보틀 교토 롯카쿠, 교토 니넨자카 스타벅스, 가와고에 스타벅스는 현대적 활용과 전통적 건축미가 어떻게 조화를 이루는지 잘 보여준다.

적산가옥은 일제강점기에 지어진 건축물이지만, 목포의 근대건축물은 인천이나 군산과는 다른 특색을 지녔을 것이다. 목포의 기후적 특성과 상업적 특성에 따라 독자적인 기능과 형태가 생겨났을 가능성이 크다. 한옥도 지역에 따라 'ㅁ자', 'ㄷ자', 'ㄴ자', '一자' 구조로 달라지듯, 근대건축물 역시 목포의 정체성을 살릴 필요가 있다.

여러 사례를 통해 리모델링의 가장 큰 걸림돌은 역시 비용이라는 현실에 부딪혔다. 적당히 타협하면 비교적 낮은 비용으로 가능하겠지만, 원형에 가깝게 복원하려면 새로 짓는 것보다 더 많은 비용이 들 수 있다. 이러한 비용을 감당할 수 있을지, 그리고 그럴 필요가 있을지 고민하지 않을 수 없다. 현재 근대건축물 리모델링에 대한 경제적 지원이 거의 없는 현실에서 이러한 고민은 더욱 깊어진다.

그러나 흑린각의 사회적 역할을 생각하면 비용 문제로 이 가치를 간과할 수 없다. 목포의 역사를 지키는 일이 경제적 논리로 치부될 수는 없지 않을까. 흑린각 복원은 한 건물을 재현하는 일이 아니라, 목포의 근대사를 미래 세대에 전달하는 중요한 역할을 한다. 이 역사의 숨결을 잇는 것은 우리의 책임이자 의무일 것이다.

어떤 지침을 지켜야 할까

흑린각을 리모델링하기에 앞서, 목포 근대건축의 원형과 가로 경관의 보존을 위한 가이드라인이 존재하는지 확인해 보았다. 당시 목포시에서 제공받을 수 있었던 자료는 세 가지였다. 지금은 더 추가되었을지 모르겠다.

목포시는 근대문화자산의 체계적인 관리를 위해 '목포 근대문화자산 아카이브 구축 사업'을 통해 데이터베이스를 구축했다. 이 데이터베이스에는 흑린각(데이터 상 서울반점)에 관한 내용도 포함되어 있다. 해당 자료에는 흑린각이 외부 목구조와 회벽을 잘 유지하고 있다는 점, 입면 형태가 독특하다는 점, 1층과 2층이 일직선으로 연결되며 2층이 셋백(set-back, 건축선 후퇴)된 구조라는 점, 2층 내부는 장지(방과 다른 공간 사이 칸을 막는 용도의 문)를 여는 방식으로 되어 있다는 정보가 담겨 있다. 이 자료는 흑린각의 구조적 특징과 기본 외관 정보를 제공하지만, 리모델링을 위한 지침이나 기준으로 삼기에는 한계가 있다. 단지 건물의 역사적 가치를 이해하는 데 도움을 줄 뿐이다.

일본식 목조 가옥과 리모델링 사례

또한 '목포 근대역사문화공간 경관 보존 가이드라인'이라는 지침이 존재하지만, 일반 시민들은 이 가이드라인의 존재조차 모를 가능성이 크다. 더구나 가이드라인은 내용이 지나치게 방대하고 복잡해 이해하기 어렵다. 모든 내용을 읽고 숙지해야 한다면 사용자에게는 큰 불편이 될 수밖에 없다. 이러한 복잡성은 가이드라인을 따르기 어렵게 만들고, 결과적으로 경관 보존의 일관성을 해치는 원인이 된다. 이는 목포 근대역사문화공간 보존에 커다란 장애물이 될 것이다.

'목포 근대역사문화공간 종합정비계획(2022)'은 발행 시기가 늦어 흑린각 설계가 거의 완료된 후에야 받을 수 있었다. 그러나 그 내용을 검토하면서 쉼터 조성 방향이 흑린각 리모델링 방향과 크게 다르지 않음은 확인할 수 있었다. 이로써 흑린각 복원의 의미와 방향성에 대한 확신이 더욱 깊어졌다.

흑린각 리모델링은 목포 근대 역사의 숨결을 잇는 작업이다. 철저한 자료 검토와 명확한 지침 마련이야말로 이를 성공으로 이끄는 열쇠가 될 것이다.

행정 절차는 왜 그렇게 어려울까

흑린각을 리모델링하기 위해서는 먼저 목포시 도시문화재과에 문의해 필요한 절차를 확인해야 했다. 그러나 목포 근대역사문화공간 내 근대건축물 리모델링에 관한 명확한 절차나 설명서가 없어 많은 어려움을 겪었다. 목포시 홈페이지에서도 정보를 찾을 수 없었고, 도시문화재과에서도 관련된 설명서가 제공되지 않았다. 필요한 정보를 얻기 위해서는 일일이 문의해야 했고, 건축에 대한 지식이 부족한 경우라면 무엇을 물어야 할지도 몰라 혼란스러움이 가중될 것이다. 행정 절차는 명확하지 않았고, 정보는 턱없이 부족했다.

겨우 알아낸 사실은 흑린각 주변이 근대역사문화공간으로 지정되어 있어 일부 절차가 간소화되었다는 점이다. 그렇지만 건축물을 리모델링하려면 근대역사문화공간(등록문화재), 방화지구, 리모델링 허가 사항, 리모델링 기준, 용도 등에 대한 철저한 검토가 필요했다. 근대역사문화공간은 등록문화재이기 때문에 '목포 근대역사문화공간 경관 보존 가이드라인'을 따라야 했으며, 여기서 제시하는 허용 기준을 넘어서면 별도의 심의를 받아야 했다.

도시계획상 방화지구로 지정된 근대역사문화공간 내에서는 건축물을 신축할 경우 방화지구 기준을 적용받지만, 리모델링할 경우에는 방화지구 기준을 적용받지 않는다. 방화지구에서는 불연재를 사용해야 하지만 근대역사문화공간 내에서는 예외가 적용된다. 이는 리모델링을 진행하는 데 있어 다행스러운 점이었다. 만약 불연재 사용이 의무였다면 나무나 종이 같은 재료는 사용할 수 없었을 것이다. 특히 흑린각은 개별 등록문화재가 아니었고, 건물을 수리하는 것이었기 때문에 건축행정과에 신고만 하면 지붕 재료와 입면 형태를 변경할 수 있었다.

흑린각의 복원과 리모델링은 과거와 현재가 공존하는 공간을 만들어가는 과정이다. 이를 위해서는 명확한 지침과 행정 절차의 투명성이 뒷받침되어야 한다. 건축물의 역사적 가치를 보존하고자 하는 노력이, 복잡한 절차와 정보 부족으로 인해 방해받아서는 안 될 것이다.

건물을 어떤 용도로 활용할지 고민하는 과정에서 게스트하우스를 운영해보라는 권유를 받았다. 그러나 게스트하우스는 건축물대장이 주택으로 등록되어야 하고, 주인이 거주해야 한다는 조건이 있었다. 게다가 게스트하우스나 주거용도로 사용하려면 천장에 반자(지붕 아래나 천장을 평평하게 만드는 공간의 윗면)를 설치해야 했지만, 화재로 탄화된 목재 천장을 그대로 노출시켜 보존하려는 계획과는 상충되었다. 이러한 제약들로 인해 게스트하우스나 주거용도로 사용하는 것은 적합하지 않았다. 또한, 관광숙박시설로 운영하려면 문화관광과의 승인을 받아야 했기에 절차가 복잡했다. 결국, 게스트하우스로 활용하는 방안은 포기할 수밖에 없었다.

현재 흑린각은 상업지역에 위치해 있어 용도상 큰 문제는 없었다. 다만 건축물대장에 건물 용도가 근린생활시설과 주택으로 혼재되어 있어, 한 가지 용도로 통일하려면 주택 부분을 근린생활시설로 변경해야 했다. 그러나 목조 건물을 주거로 사용하기에는 화재 위험 등 여러 안전상의 문제가 있었다. 결국 주택 부분을 근린생활시설로 변경하고, 기존의 3개 동을 1개 동으로 합치기로 했다.

이를 실행하려면 건축물대장 결합 신청이 필요했고, 건폐율 등 각종 규제 사항이 현행법에 부합해야 했다. 이런 절차적 복잡함과 안전 문제를 해결하기 위해, 주택 부분을 멸실하기로 결론을 내렸다. 이 과정에서 흑린각의 원형을 보존하면서도 법적 요건과 실용성을 모두 충족시키는 방안을 고민해야 했다. 이는 건물에 새로운 생명을 부여하는 과정이기도 했다.

소유권 분쟁은 피할 수 있을까

리모델링하기 전, 내 땅의 경계를 명확히 알아야 했다. 그래서 흑린각의 경계측량과 건물현황측량을 함께 신청했지만, 건물현황측량은 큰 의미가 없었다. 건물 외벽이 대지 경계가 되거나 대지 경계를 넘어섰기 때문이다. 흑린각은 오른쪽으로 구 갑자옥 모자점, 왼쪽으로 명신당, 뒤쪽으로는 쉼터와 경계를 이루고 있었다. 오른쪽과 뒤쪽은 목포시 소유여서 문제의 소지가 없었지만, 왼쪽에 인접한 명신당과는 골목을 공유하고 있어 갈등이 발생할 가능성이 있었다. 명신당과의 경계를 명확히 하기 위해 측량은 필수적이었다. 오랜 시간 동안 명신당 소유주가 골목을 단독으로 사용해 왔기 때문에 그들이 이 공간을 자신의 소유로 여길 가능성도 배제할 수 없었다. 다행히 명신당 소유주가 측량 과정을 지켜보았기에 이후에 땅 문제는 발생하지 않았다. 결국,

모든 것을 명확히 하기 위해 공공기관을 이용하는 것이 가장 안전한 방법임을 다시금 깨달았다.

측량이 진행되는 동안 줄곧 불안했다. 만약 우리가 명신당의 땅을 침범한 것으로 드러난다면, 그 상황을 어떻게 해결해야 할지 걱정이 앞섰기 때문이다. 하지만 알아야 할 것은 반드시 알아야 했다. 측량 결과, 왼쪽 지적선은 명신당과 흑린각 사이 골목의 중앙을 통과했고, 오른쪽 지적선은 흑린각 건물의 벽면과 구 갑자옥 모자점의 경계를 이뤘다. 후면 지적선은 이미 목포시에서 측량을 마친 상태였기에, 그 결과에 따라 갑자옥 모자점의 뒤쪽 벽면선과 정확히 일치했다.

문제는 흑린각의 후면이었다. 흑린각이 쉼터 쪽으로 약 1.2 ~ 1.5m 정도 돌출되어 있었고, 이 돌출된 부분은 철거가 불가피했다. 벽면을 그대로 둔 채 리모델링한다면 사용할 수 있지만, 벽면 재료를 변경할 계획이라면 돌출부는 반드시 철거해야 했다. 이러한 상황은 건축적 결정이 외관의 문제가 아닌, 공간과 경계의 문제임을 다시금 상기시켰다.

과거에는 측량 장비가 지금처럼 정밀하지 않았고, 아날로그 방식으로 진행되었기 때문에 오차가 생길 수밖에 없었다. 하지만 오늘날에는 첨단 장비로 측량하다 보니, 기존 측량 결과와 큰 차이가 발생하기도 한다. 심지어 측량 결과에 따라 한 필지가 사라지는 경우도 있다고 들은 적이 있다. 먼저 측량을 정확히 해두지 않으면, 어느 순간 내 땅이 사라질 위험도 있는 것이다.

전주 한옥마을에서도 이와 비슷한 사례가 있었다. A 씨의 건물이 B 씨 소유의 골목길을 담장이 점유하면서 분쟁이 시작되었다. B 씨는 리모델링 과정에서 담장을 경계측량선까지 후퇴해 달라고 요청했지만, A 씨는 이를 무시하고 기존 담장 위치에 그대로 새로운 담장을 세웠다. 이에 따라 분쟁은 법정으로까지 이어졌고, 결국 A 씨가 패소했다. A 씨는 법원의 판결에 따라 담장을 허물고 경계측량선에 맞춰 다시 세워야 했다. 그러나 담장을 새로 세운다고 해서 이 문제가 완전히 해결되었을까. 분쟁 동안 쌓인 서로에 대한 미움과 불신은 여전히 남아 있을 것이다. 서로를 바라보는 시선에는 더 높은 담이 생겨버렸다. 이처럼 측량을 통해 경계를 명확히 하는 것은 이웃 간 불필요한 분쟁을 예방하고 관계를 지키는 중요한 일이다.

흑린각은 지적선 내에서 리모델링해야 한다

5
사전 철거가 필요한 이유

사전 철거가 복원의 성패를 가른다

근대건축물을 리모델링할 때, 사전 철거는 필수 과정이라고 여겨진다. 그 이유는 건물의 구조적 안정성을 확보하고, 효율적인 공사 진행을 가능하게 하기 때문이다. 오랜 세월을 지나온 건물은 기둥, 보, 벽체 등 주요 구조 요소가 손상되기 마련이다. 사전 철거를 통해 이러한 요소들을 드러내 철저히 점검하고, 손상된 부분을 보강할 수 있다. 이는 리모델링의 기초를 튼튼히 다지는 과정이다.

또한, 사전 철거는 공사 효율성을 극대화한다. 기존 구조물이나 장비를 철거함으로써 작업자들이 자유롭게 이동할 수 있고, 대형 장비나 자재 운반이 용이해진다. 기존 구조물이 남아 있으면 새로운 구조물 설치 시 방해가 될 수 있다. 사전 철거는 이러한 간섭을 최소화하여 작업의 원활함을 보장한다.

리모델링 계획의 정확성을 높이는 데도 사전 철거는 중요한 역할을 한다. 철거 과정을 통해 건물 내부의 숨겨진 문제점을 발견할 수 있으며, 이를 바탕으로 보다 정밀한 리모델링 계획을 세울 수 있다. 철거 과정에서 예상치 못한 문제가 드러날 경우, 설계를 수정하고 적절한 해결 방안을 마련하는 데 유리하다.

환경 보호와 안전 측면에서도 사전 철거는 필수적이다. 석면, 납 성분 페인트 등

유해 물질을 철저히 제거함으로써 환경오염을 방지하고, 작업자와 거주자의 건강을 지킬 수 있다. 이는 보다 지속가능한 리모델링을 가능하게 한다.

예산 관리 측면에서도 사전 철거는 유리하다. 예상치 못한 추가 비용을 방지할 수 있고, 잠재적인 문제를 미리 발견함으로써 예산을 정확히 산정할 수 있다. 이는 건축 프로젝트의 경제성을 확보하는 데 중요한 과정이다.

나아가, 사전 철거는 건축적 특징이나 장식적 요소를 보존하거나 복원할 계획을 세우는 데에도 기여한다. 철거 과정에서 역사적 가치가 있는 요소를 발견하고 이를 리모델링 설계에 반영함으로써, 건물의 역사적 의미와 정체성을 유지할 수 있다.

사전 철거는 근대건축물 리모델링의 필수 단계라 해도 과언이 아니다

이러한 이유로 흑린각도 리모델링 설계에 들어가기 전, 시공사로부터 사전 철거를 요청받았다. 다소 비용이 들긴 했지만, 흑린각의 구조와 재료를 정확히 파악하기 위해 일부 철거는 불가피했다. 여기서 '일부 철거'란 바닥, 벽, 천장 등에 붙어있는 마감재를 제거하는 작업을 의미한다. 특히 원형 복원을 목표로 하고 있었기에, 설계 전에 꼭 필요한 과정이었다. 흑린각은 일본식 건축물인 데다, 우리 생활양식에 맞춰 변형되면서 여러 마감재로 덮여 그 속을 확인할 수 없었다. 만약 사전 철거 없이 겉모습만 보고 설계를 진행했더라면, 철거 후에 다시 설계해야 하는 번거로움이 생겼을지도 모른다.

목포시와 같은 공공기관이 근대건축물 리모델링을 추진할 때, 자문위원이나 심의위원들이 내부를 확인하라는 의견을 내기도 한다. 이 경우, 설계 수주 업체가 자비로 바닥, 벽, 천장을 일부 철거해 확인하는 사례도 있다. 그러나 공공기관이 근대건축물 리모델링 예산을 책정할 때 사전 철거비를 포함하지 않고 설계비와 시공비만 준비한다면, 사전 철거는 사실상 불가능해지고, 이는 시행착오로 이어질 가능성이 높다. 근대역사문화공간 내의 건축물이라면, 공공이든 민간이든 사전 철거비는 반드시 초기 단계에 포함시켜야 한다.

오래된 건축물은 그 안에 시간이 겹겹이 쌓여 있다. 사전 철거를 통해 우리는 그 시간을 하나씩 벗겨내며, 원형을 파악하고, 이를 기반으로 정확하고도 효과적인 리모델링 계획을 세워야 한다. 흑린각도 이 과정을 통해 진정한 가치를 되찾을 수 있을 것이다.

시전 철거 후 모습(2021년 11월 14일 촬영)

철거 과정에서 드러난 숨겨진 이야기

흑린각의 일부를 철거한 결과, 지붕은 석면 슬레이트로 덮여 있었고, 내부는 마감재가 교체되거나 변형된 흔적이 적지 않았다. 100년에 가까운 세월 동안 여러 사람이 사용하며 지속적으로 수리해 왔기에, 외관의 골격만 원형을 유지하고 내부는 상당히 변형되어 있었다. 예상은 했지만, 더 늦었더라면 원형을 파악하는 데 큰 어려움이 따랐을 것이다. 바닥, 벽, 천장에 덧댄 벽지, 합판, 장판, 타일 등의 마감재가 원형을 가리고 있어 구조를 추정하기 어려웠다. 그러나 이를 제거하자, 마치 과거의 흔적이 천천히 드러나듯 건물의 윤곽이 조금씩 모습을 드러냈다. 사전 철거가 없었다면 그 속에 무엇이 숨겨져 있었는지 결코 알 수 없었을 것이다. 우리에게 사전 철거는 과거로의 탐험이자 원형 복원의 첫걸음이었다. 이 당연한 과정을 왜 하지 않는 곳이 있을까?

흑린각은 2층 건물로 좌우 두 개의 공간으로 나뉘어 사용되었다. 전면부는 1920년대에 지어진 최초 건축 영역이며, 후면부는 1958년에 증축된 영역이다. 흑린각은 구 갑자옥 모자점보다 후퇴된 위치에 있는데, 이는 구 갑자옥 모자점이 화재 후 다시 지어질 때 앞쪽으로 더 돌출되었기 때문이다. 또한 흑린각은 2층이 1층보다 후퇴된 독특한 구조로 되어 있다.

최초 건축 영역에는 2층으로 올라가는 내부 계단이 좌측(비디오 가게)과 우측(서울반점)에 각각 있었던 것으로 보인다. 이를 통해 흑린각은 처음부터 두 개의 독립된 공간으로 나뉘어 있었음을 알 수 있다. 중앙벽체는 좌측과 우측을 4m와 3m로 나누고 있었으나, 임대를 고려해 1층은 3.5m와 3.5m로 재배치된 흔적이 있었다.

우측 1층에는 앞쪽에 상점, 뒤쪽에 주방과 화장실, 2층으로 올라가는 계단이 있었다. 2층에는 앞쪽에 방 두 개, 뒤쪽에 마루가 자리하고 있었다. 중국 음식점으로 사용되었던 1층 주방에는 화구가 남아 있었고, 2층에는 사람이 살았던 흔적들이 여전히 남아 있었다. 흑린각은 시간이 켜켜이 쌓인 역사와 삶의 흔적을 고스란히 간직하고 있는 공간이었다.

　좌측의 1층은 앞쪽에 상점이 자리하고, 뒤쪽에는 방이 있으며, 외부에는 화장실, 창고, 대문, 마당, 그리고 2층으로 올라가는 계단이 있다. 2층에는 앞쪽에 세 개의 방과 주방, 뒤쪽에는 보일러실과 화장실이 자리하고 있다. 1층의 방은 벽돌을 쌓아 만든 것으로, 상점에 딸린 거주 공간으로 사용되었던 것으로 보인다. 보일러실과 화장실이 1층과 2층 모두에 존재하는 것으로 보아, 2층은 별도의 세대가 거주했을 가능성이 크다. 2층 세대의 출입은 명신당과의 사이에 있는 골목길을 통해 이루어졌고, 이 골목에는 대문이 설치되어 있다.

　좌측의 벽체는 원래의 외엮기 흙벽이 상당히 남아 있었으며, 2층 위쪽 부분에는 탄화된 흔적이 남아 있다. 화재로 인해 손상된 벽면을 보수하기 위해 각재를 덧대고 시멘트로 미장한 흔적이 보인다. 세월이 흐르면서 이마저도 무너졌고, 90년대쯤에 주거로 사용하며 천장은 나무로, 미장 위에는 도배로 마감한 흔적이 남아 있었다. 흙벽을 살짝 긁어내자 외엮기 구조가 드러났고, 이를 참고해 '외엮기 흙벽'을 재현하기로 했다. 외엮기 흙벽은 외(나뭇가지, 댓가지, 수수깡, 싸리 잡목 따위)를 엮어 심을 만들고 흙으로 맞벽을 쳐서 벽을 형성하는 방식이다. 중앙벽체에서는 장작 외엮기 흙벽도 발견되었다. 이는 대나무 대신 얇은 합판 조각으로 벽체 심을 잡고, 흙을 밀어 넣어 고정한 것으로, 탄화목(고온에서 열처리하여 함수량을 줄인 목재를 뜻하나 여기서는 별도 열처리가 아닌 화재로 인해 우연히 만들어진 목재를 뜻한다) 중 사용할 수 있는 부분을 중깃(벽체의 힘살이 되는 기둥)으로 활용한 흔적이 보였다.

　상점에는 출입구 외의 창호가 없으며, 방에만 창호가 있다. 1층 출입구를 제외한 모든 창호는 목창호다. 정면부 2층 창호는 두 개가 연결되어 있었으며, 돌출 난간이 설치된 흔적도 발견되었다. 이는 원형대로 복원하여 분리할 필요가 있다. 돌출 난간은 기둥에서 외부로 목조 구조를 연결해 틀을 만들고, 외부 난간, 다용도 화분,

건조용 등으로 활용되었으나, 현재는 흔적만 남아 있는 상태다. 측벽의 경우, 2층에만 창호가 있는데 오른쪽에는 두 개, 왼쪽에는 세 개가 있다. 왼쪽 창호는 확인이 어려우나, 오른쪽 창호는 이전에 합벽이었던 점을 고려할 때 1965년 이후에 설치된 것으로 보인다. 배면에는 1층과 2층에 각각 두 개의 창호가 있으며, 이 창호들은 유리 크기가 큰 현대적 형태로 설치된 것으로 보인다.

 2층 천장을 뜯어냈다. 보, 서까래, 도리(기둥과 기둥 사이에 넣어 서까래를 받치는 나무), 각연(단면이 직사각형으로 된 서까래) 등 지붕 구조를 파악하기 위해서였다. 천장을 뜯어본 순간, 나는 눈앞에 드러난 모습에 놀라움을 금치 못했다. 2층 천장에는 탄화된 베개보(지붕보를 가로로 받치는 보), 평보, 각연, 도리, 그리고 기둥들이 있었다. 건물은 두 채로 구성되어 있었지만, 지붕은 하나의 베개보로 연결되어 있었다. 이는 두 점포가 사실상 하나의 건물이었음을 보여준다. 일본의 건축에서는 네모난 각재를 주로 사용하는 반면, 우리는 제재소(통나무를 재목으로 만드는 제조소) 사정과 효율성을 고려해 굳이 반듯하게 다듬을 필요가 없었다. 베개보에 사용된 육송은 원형 그대로 쓰였고, 두께가 일정하지 않으며 자연스러운 곡선 형태를 유지하고 있었다.

 특히 베개보와 짜맞춤할 때 엇걸이이음 방식을 사용했기에, 리모델링에서도 이와 동일한 이음 방식을 적용하기로 했다. 엇걸이이음은 부재를 붙이는 것만으로는 부족하기 때문에, 부재가 벌어지지 않도록 구멍을 파고 크고 두꺼운 산지를 쐐기처럼 박아 넣는 전통적인 방식이다. 이 이음 방식을 통해 일본 목수가 아닌 한국 목수가 작업했음을 확인할 수 있었다. 1층에서 천장을 올려다보니, 원래의 마룻바닥과 기존 계단 위치를 파악할 수 있었다. 좌측 1층 천장에는 도배가 되어 있었는데, 도배지 문양으로 보아 1960년대 것으로 추정된다. 일본인들은 천장에 도배하지 않기에, 이는 일제강점기 이후의 흔적이라 할 수 있다.

 좌측 2층의 바닥은 마룻바닥 위에 단열재를 깔고 자갈을 채운 뒤 온수 패널을 설치하고 흙을 채운 후, 50mm 두께로 모르타르를 치고 미장을 한 후 장판을 깔았다. 각 방에도 온수 패널이 깔려 있었는데, 이는 80년대 후반이나 90년대 보일러 방식으로, 거주 공간으로 사용하기 위해 반드시 필요한 조치였다. 반면, 우측의 2층은 마룻바닥 위에 장판만 깔려 있었고, 난방을 한 흔적은 없었다. 2층 바닥과 지붕에 스티로폼이 있었는데, 이는 단열을 위해 사용된 것으로 보인다.

이제 이 건물을 어떻게 바꿀지 고민해야 할 시점이다. 과거의 흔적과 구조를 유지하면서도 현대적인 활용 방안을 고민하며, 흑린각의 새로운 역사를 써 내려갈 때가 왔다.

여러 자료에 따르면, 일제강점기 이 거리의 건축물 외벽은 대부분 회벽이나 비늘판벽으로 마감되었다고 한다. 흑린각도 예외는 아니어서, 회벽 마감으로 마무리되어 있었다. 좌측 벽은 외엮기 흙벽 위에 회벽 마감이 남아 있었고, 우측 벽은 구 갑자옥 모자점과 분리되면서 블록 위에 시멘트 모르타르로 마감되어 있었다. 각각의 외벽에는 석면 슬레이트가 거의 1층까지 덧대어져 있었다. 이는 1965년 화재로 인한 손상이나 빗물 침투를 막기 위해 석면 슬레이트를 덧댄 것으로 보인다.

1층 배면부 벽체는 전체가 벽돌로 되어 있었지만, 처음부터 그랬던 것은 아닌 듯하다. 1958년 증축 당시에는 외엮기 흙벽이었을 가능성이 크다. 이후 중국집이 들어서면서 벽돌을 쌓았거나, 지붕을 함석으로 교체하면서 벽돌로 바꿨을 것이다. 사용된 벽돌은 1970년대에 생산된 시멘트 벽돌로, 서울반점이 1980년대에 개업한 점을 감안하면 이러한 추측이 가능하다. 서울반점이 들어오면서 중앙벽체의 위치를 바꾸고 뒤쪽으로 증축했을 수도 있다. 아마 그때 지붕을 새로 하며 벽돌 공사를 진행했을 것이다. 당시 벽 상태가 좋지 않았을 가능성이 크고, 구조적 안정성을 위해 벽돌을 선택했으리라 짐작된다.

지붕은 화재 후 교체되었으며, 석면 슬레이트 위에 함석이 덮여 있었다. 초기에

사전 철거 후 흑린각의 내·외부(설계사 촬영)

는 석면 슬레이트 한 장만 있었으나, 비가 새자 그 위에 함석을 추가로 덮은 것으로 보인다. 정면의 1층 돌출 처마는 목조 구조를 위에 콘크리트 슬래브를 얹어 지붕을 만들었고, 2층 창호처마는 창호를 이동하면서 석면 슬레이트 두 겹으로 덮었다. 지붕은 전체적으로 가장 많은 변형을 겪은 부분으로 보인다.

　　사전 철거 없이는 건물 내부 구조를 제대로 파악할 수 없으며, 현장의 상태를 정확히 이해하지 못하면 리모델링을 성공적으로 수행하기 어렵다. 흑린각은 사전 철거의 중요성을 명확히 보여주는 사례다.

6
누가 흑린각을
다시 세울까

복원의 두 축,
설계와 시공

건축물의 신축, 증축, 혹은 개축 과정에서 설계와 시공은 필수적이다. 그러나 종종 설계 없이 시공이 진행되기도 하는데, 이는 중간에 빈번한 변경을 야기하고, 결국 분쟁으로 이어지기 쉽다. 설계자는 건물의 품질을 결정짓는 핵심적인 역할을 하며, 그의 역량에 따라 건물의 운명이 달라진다. 누가 설계를 맡느냐, 어떻게 설계하느냐에 따라 건물은 빛나는 작품이 될 수도, 실패한 구조물이 될 수도 있다. 아무리 작은 건물이나 리모델링이라도 정밀한 설계는 필수다.

설계만큼이나 중요한 것은 이를 충실히 따르는 시공이다. 아무리 훌륭한 설계도, 이를 무시하고 시공하거나 대충대충 작업하면 훌륭한 건축물이 나올 수 없다. 건물의 최종 완성도는 시공자의 손끝에서 결정된다. 하지만 시공 편의나 경제 논리에 의해 설계도를 임의로 변경하면, 심각한 문제를 초래할 수 있다. 요즘 뉴스에서 들리는 건물 붕괴 사건들의 주요 원인 중 하나가 바로 이 점이다.

흑린각 리모델링을 위해 설계와 시공 업체를 찾는 과정은 생각보다 쉽지 않았다. 목포의 근대건축물이니 목포에 있는 업체가 맡아주길 바랐고, 지역 전문가가 설계와 시공을 맡아주면 좋겠다고 생각했다. 하지만 목포에는 근대건축물을 다루어본 설계사나 시공사가 많지 않아 보였다. 심지어 목포의 설계사무소들조차 근대건축물 리모델링을 주저하는 느낌이었다. 이는 목포 근대건축물에 대한 데이터베이스가 부족하기 때문일 것이다. 건축물에 대한 기본적인 이해가 부족하면 제대로 된 설계를 하기 어렵다.

　설계업체를 선택하는 과정에서도 고민이 깊었다. 문화재 전문 설계업체, 일반 건축 설계업체, 인테리어 설계업체 중 어디를 선택해야 할지 결정하기 어려웠다. 결국 기본에 충실하기 위해 문화재수리기술자격을 보유한 설계사와 시공사를 선택했다. 기본이 잘 잡혀 있다면, 이후의 수정 작업은 충분히 가능하리라 믿었기 때문이다. 설계는 ㈜삼정건축사사무소의 이형호 소장과 세움건축사사무소의 이주현 소장이 맡았고, 시공은 ㈜두물문화재의 권승필 대표가 맡았다. 흑린각 리모델링 과정은 설계와 시공의 중요성을 다시금 깨닫게 했고, 전문성을 갖춘 이들의 손길 덕분에 성공적인 결과에 한 발 더 가까워질 수 있었다.

시간을 짓는 사람들과의 여정

　드디어 흑린각 복원을 위한 설계계약을 체결했다. 그 순간은 과거와 현재를 잇는 첫걸음이었다. 구조 검토, 행정 절차, 그리고 탄화목 활용까지, 한 장의 설계도 위에 담긴 요청들은 건축의 숨결을 불어넣기 위한 정교한 실타래였다.

　설계사, 시공사, 건축주, 기획가로 구성된 다섯 명의 한 팀이 꾸려졌다. 이들은 나주, 목포, 광주, 수서를 오가며 회의를 이어갔다. 모두가 바쁜 탓에 주말과 저녁 시간이 주된 협의의 무대가 되었지만, 그 순간들은 하나의 역사적 사명을 다하는 자리였다. 첫 회의에서는 현장 조사와 설계 방향에 대한 설명이 이루어졌다. 서로의 생각이 충돌하고 다시 합쳐지며, 점차 흑린각의 형태가 머릿속에 그려졌다.

회의는 논의가 아니라, 연구에 가까웠다. 도면을 미리 검토하고, 회의 중에는 치열한 토론을 벌였으며, 이후에는 정리된 내용을 메일로 공유했다. 그 과정에서 애매한 표현은 철저히 배제되었다. 우리는 언어의 정확성이 흑린각을 향한 우리의 진심을 가장 선명히 전달할 수 있는 도구임을 알았다.

특히 시공사가 설계 초기부터 참여함으로써, 실현 가능성의 문제를 즉각적으로 점검할 수 있었다. 이러한 협업은 근대건축의 본질을 탐구하는 과정이었다. 흑린각은 우리가 나눈 열정과 경험의 집합체였고, 우리 공동의 유산으로 자리 잡았다.

모두가 진심으로 연구하고, 탐구하며, 보존의 길을 함께 걸었다. 흑린각을 재탄생시키는 여정은 우리의 손끝에서 역사가 다시 숨 쉬는 순간이었다.

첫 번째 회의에서 받은 평면과 입면 도면은 마치 오래된 기억의 퍼즐을 맞추는 시작이었다. '원형 복원'이라는 원칙은 정면과 측면 설계에서 큰 걸림돌이 없었지만, 배면 디자인은 그렇지 않았다. 설계사가 주로 사찰과 궁궐 같은 전통 목구조를 다뤄왔기에, 근대건축물에 현대적 디자인을 더하는 과정은 낯설고도 어려운 도전이었다.

특히 근대건축물, 그것도 작은 가옥의 리모델링은 축적된 데이터가 턱없이 부족했다. 나는 개인적으로 보유한 일본식 목조 건축물 자료를 제공하며, 필요한 부위별 사례를 찾아 주기도 했다. 인테리어 설계가 별도로 진행되지 않기에, 실시설계 도면에 최대한 이를 반영하기 위해 나 또한 적잖은 노력을 쏟아부었다. 건축 설계가 인테리어를 전적으로 배제하지는 않지만, 추가적인 설계를 피하고자 조명 기구 같은 세부적인 요소까지 이 단계에서 결정해야 했다.

이 모든 과정은 나 혼자만의 힘으로 이루어진 것이 아니었다. 공간 구성부터 기본 설계, 실시 설계까지, 단계마다 지인들의 자문이 큰 힘이 되었다. 현대 건축, 시공 감리, 건축 행정 분야에서 받은 다양한 조언은 물론, 목포 근대건축을 연구한 김지민 교수와 김태영 교수의 학문적 통찰이 더해졌다. 조명의 품격을 더하기 위해 고기영 소장의 전문적인 자문도 빠지지 않았다. 목포라는 도시에서 방향을 설정하는 데에는 정석 교수의 도움을 받았다. 좋은 건물을 만들겠다는 의지로 설계사, 건축주, 자문가 모두가 아낌없이 열정을 쏟았다.

지금 돌이켜보면, 이렇게 작은 건물을 설계하면서 받은 조언 횟수와 참여한 자문 위원들의 구성은 국가 상징 건축물에 버금갔다고 해도 과언이 아니다. 흑린각을 통해 목포의 변화를 꿈꾸며 쏟아부은 열정이 있었기에 가능한 일이었다.

이 과정은 한 건축물을 복원하는 작업이 아니라, 목포의 역사와 문화를 지켜내는 의미 있는 여정이었다. 그 속에서 몇 가지 중요한 깨달음이 있었다. 무엇보다도, 건축물의 품질은 주인의 열정과 관심에 달려 있다는 점. 또한, 우리나라가 근대건축물에 대한 설계와 시공 노하우가 부족하여 많은 난관에 부딪쳤다는 점이다.

흑린각은 곧 새롭게 태어날 것이다. 그 재탄생은 목포를 변화시키고, 근대건축의 가치를 되새기는 또 하나의 역사적 발걸음이 될 것이다.

흑린각 설계 회의(소유주, 설계사, 시공사)

흑린각 현장자문(김지민 교수)

II

근대건축, 무엇을 지키고 무엇을 바꿀까

1
근대와 현대를 담은 공간

규모보다 가치를 크게

루이스 칸(Louis Isadore Kahn, 건축가, 1901~1974)은 이렇게 말했다. "어떤 건물을 만든다는 것은 말이지, 어떤 인생을 만들어 내는 것이라네." 그의 이 말은 건축이 구조물의 조립이 아니라, 그곳에 살아갈 이들의 삶과 경험을 형성하는 깊은 행위임을 시사한다. 건축물에는 주인의 철학과 가치관이 담겨 있다. '건물을 만든다'라는 것은 단지 새로 짓는 것만을 의미하지 않는다. 신축, 증축, 개축, 그리고 수선까지 모든 형태의 창조적 행위가 포함된다. 이 모든 과정은 건물의 외관과 본질을 바꾸고, 결과적으로는 건물의 주인과 사용자의 정체성을 담아낸다.

목포 근대역사문화공간을 걷다 보면 리모델링된 건물들이 눈에 띈다. 그러나 그 건물들은 어딘가 부자연스럽고, 주변 환경과 어울리지 않는다는 인상을 준다. 이는 근대건축물의 본래 의도와 맥락을 잃은 채 외관만을 꾸민 결과로 보인다. '인천의 개항장 역사문화의 거리'나 '군산 근대화 거리'에서도 비슷한 느낌을 받았을 것이다. 사람은 같은 실수를 반복하는 법이다. 우리는 이미 타 도시의 사례에서 교훈을 얻을 기회가 있었지만, 여전히 그들의 실패를 그대로 답습하고 있는 듯하다.

목포시가 직접 리모델링한 건물조차 예외가 아니다. 오히려 이들 건물이 기준과

모범이 되어야 한다는 기대감을 무색하게 한다. 리모델링이란 건축물의 역사적 가치와 상징성을 현대적 감각으로 재해석하는 작업이어야 한다. 그러나 현재의 결과물들은 그러한 깊이와 성찰이 없는 채, 피상적인 변화에 그치고 있다.

건축은 인생을 담는 그릇이다. 우리가 어떤 건축물을 만들고 보존하느냐는, 우리의 삶과 문화를 어떻게 기억하고 이어갈 것인가에 대한 질문과도 같다. 목포의 근대역사문화공간이 진정한 가치를 되찾기 위해서는, 역사와 현재를 아우르는 깊이 있는 접근이 필요하다.

여기서 다짐한다. 흑린각은 규모도 작고 중요도도 낮지만 목포 근대역사문화공간이 앞으로 가야 할 길을 제시하고 근대건축물 리모델링의 표본으로 남아야겠다고. 다른 것은 몰라도 근대건축물 리모델링의 과정도 결과도 제대로 보여주고 싶었다. 흑린각이 목포 근대역사문화공간의 경관을 만들어 가는데 마중불이 되어야겠다는 커다란 목표를 가지게 되었다.

좋은 공간으로 영향을 주고 싶었다. 처칠(Rt Hon. Sir Winston Churchill, 영국 제61·63대 총리, 1874~1965)의 말처럼 "우리가 건축을 만들지만, 다시 그 건축이 우리를 만든다(We shape our buildings, thereafter they shape us)." 목포의 공간을 지키는 것도 시민이지만, 목포의 공간을 누리는 것도 시민이다. 흑린각을 통해 목포 근대역사문화공간을 잘 만들어야 하는 이유를 알게 하고, 시민들 자신도 잘 만들어가기를 바랐다.

조영래 변호사(대한민국의 인권 변호사이자 민주운동가, 1947~1990)가 아들에게 보낸 엽서에서 언급한 "엠파이어스테이트 빌딩처럼 크고 거대한 건물도 있지만, 작으면서도 아름답고 평범하면서도 위대한 건물이 얼마든지 있듯이, 건축의 가치와 아름다움은 크기나 규모에만 있는 것이 아니다."라는 말처럼, 건축의 가치는 화려함이나 크기에 국한되지 않는다.

흑린각은 목포 근대역사문화공간 내에서 작고 평범한 건물에 불과하지만, 어떤 건물보다 가치 있게 만들어 주변에 긍정적인 영향을 주기를 바란다. 리모델링이란 건축물의 역사적 가치와 상징성을 현대적 감각으로 재해석하는 작업이어야 한다. 그러나 현재의 결과물들은 그러한 깊이와 성찰이 결여된 채, 피상적인 변화에 그치고 있다.

100년의 시간을 담아 미래로

목포 근대역사문화공간에서 흑린각이 가야 할 길은 원래의 모습에 가깝게 복원하는 것이다. 목포에만 있는 모습, 흑린각만의 모습으로. 1920년대의 모습으로 복원하면서 나가야의 원형을 찾는 것이다. 리모델링을 시작한 2022년을 기점으로 이전의 100년을 담아 미래의 방향을 제시하는 것이다.

목포의 100년을 품은 건물로,
목포의 100년을 여는 건물을

정면은 1924년을 기준으로, 배면은 2024년을 기준으로 하여 흑린각의 정면, 내부, 배면에 목포의 과거, 현재, 미래를 담는다. 정면은 주변 건물과 연계한 근대 가로경관으로, 배면은 공원과 연계한 미래 창조 디자인으로, 내부는 지난 100년 동안의 시간을 켜켜이 담아내는 디자인으로 한다. 가로에 면한 정면에서 공원에 면한 배면으로 갈수록 과거에서 현재를 거쳐 미래로 빠져나가듯, 이 건물을 통과하면 100년의 시간을 '순간 이동'하는 것처럼 느끼게 될 것이다. 그래서 흑린각에 들어서서 하나하나 둘러보면 100년의 시간이 연속 필름처럼 눈앞에 펼쳐지게 된다. 일제강점기 장사하는 모습, 물건을 사는 모습, 생활하는 모습, 그중 하나는 1965년 불이 났던 순간, 이후 보석을 파는 사람, 비디오를 빌리는 사람, 중화요리를 먹는 사람, 그림을 그리는 사람, 텅 비어 있는 가게 등등.

이런 근대부터 현대까지의 삶을 담기 위해 '최초 건축 영역(1935년 등록된 부분)은 원형대로, 중간 증축 영역(1958년 증축된 부분)은 현대적으로'라는 설계 원칙을 세웠다. 근대건축물의 옛 모습을 살리는 데 만족하지 않고 미래 건축물을 새롭게 창조하기 위한 노력도 필요하다. 보존 관점에서는 외관이 중요하지만, 활용 관점에서는 근린생활시설에 충실해야 한다. 도시의 미래를 재창조하는 일이지만 과거에 매몰된 도시가 되어서는 안 된다.

변화와 아픔을 품은 공간

흑린각은 목포의 역사적 사건과 깊은 연관성을 가지고 있다. 일제강점기에 일본인에 의해 건축된 이 건물은 식민 지배의 흔적을 간직하고 있으며, 그곳에 서 있는 것만으로도 당시의 아픔과 상처가 생생히 되살아난다. 흑린각은 과거의 유물이 아니라, 우리가 잊어서는 안 될 역사의 교훈을 상기시켜 주는 생생한 기억의 공간이다. 이 건물은 그 자체로 목포의 근대사를 이야기하며, 우리의 현재와 미래를 비추는 거울로서 역할을 해야 한다.

흑린각은 근대건축의 기술과 재료가 결합된 상징적인 건축물이다. 유리, 블록, 슬레이트와 같은 현대적 재료들이 사용되었으며, 이를 통해 건축의 구조적 안정성과 디자인 다양성이 크게 향상되었다. 이 건물은 전통적인 건축 양식과 현대적 요소가 절묘하게 어우러져 새로운 건축적 미감을 창조해 냈다. 현대건축에서도 흑린각의 이런 요소들을 발견하고 그 가치를 재해석할 필요가 있다.

시간의 흔적이 고스란히 새겨진 '탄화목'은 흑린각 리모델링의 핵심적인 요소다.

화재로 인해 탄화된 나무는 재료 그 이상이다. 그을린 나무의 깊은 주름과 어두운 색감은 당시의 비극적 사건을 떠올리게 하며, 그 속에 깃든 시간의 무게를 체감하게 만든다. 탄화목은 외형적 보존을 넘어, 과거의 상처를 끌어안고 미래를 향한 새로운 가치를 창조할 수 있는 재료로 다시 태어난다. 이를 리모델링에 적극적으로 활용해 흑린각이 지닌 역사적 깊이를 표현하고자 한다.

흑린각 리모델링은 변화와 통합의 조화를 이루는 공간으로 구성될 것이다. 보존과 활용이라는 두 축을 중심으로 외관을 디자인하고, 원래의 구조와 재료를 최대한 살리며, 일본식 조명과 색채를 통해 그 시절의 정서를 고스란히 재현한다. 이 공간에 발을 들이는 순간, 과거와 현재가 한데 어우러지며, 100년의 시간이 마치 한 폭의 연속된 필름처럼 펼쳐질 것이다. 흑린각은 목포의 시간과 기억을 담아내는 살아있는 공간으로 자리 잡을 것이다.

문화재가 아니어도 지켜야 할 가치

흑린각은 문화재가 아니다. 그럼에도 흑린각은 '목포 근대역사문화공간'이라는 문화재 구역 안에 위치하며, 그 자체로 역사적 가치와 상징성을 내포하고 있다. 지정문화재가 아니라는 이유로 그 가치를 경시할 수는 없다. 리모델링 과정에서 외부는 근대역사문화공간의 가로경관을 훼손하지 않도록 세심히 보존해야 하며, 내부는 더 자유롭게 활용할 수 있다. 그러나 자유롭다는 의미는 제멋대로 해도 된다는 뜻이 아니다. 흑린각은 문화재처럼 반드시 원형을 보존하거나 복원해야 하는 대상은 아니지만, 그 공간에 담긴 역사적 품격과 가치만큼은 지켜져야 한다.

목포 근대역사문화공간 내에서의 건축 행위는 '목포 근대역사문화공간 경관보존 가이드라인'에 따라 이루어진다. 이 가이드라인은 『목포 근대역사문화공간의 보존 및 활용에 관한 조례』에 기반하여, 근대건축문화유산의 관리와 보존을 위해 마련된 세부 지침을 담고 있다. 이는 단순한 규제에 그치지 않고, 근대건축자산이 사

건물 정면에 근대적 이미지를 담다, 블루보틀 교토

건물 배면에 현대적 이미지를 담다, 블루보틀 교토

라질 우려를 해소하며 그 가치를 이어가기 위한 지혜와 방향을 제시한다. 흑린각은 이 가이드라인을 따라 과거의 흔적과 현재의 삶이 공존하는 공간으로 재탄생할 것이다.

이 가이드라인은 목포 근대역사문화공간의 조성과 변화 과정을 깊이 이해하는 데 기반을 두고 있다. 이곳은 조선시대부터 현대에 이르는 다층적 시간의 흔적이 얽혀 있으며, 그 흔적들은 다양한 형태로 공존하고 있다. 목포 근대역사문화공간의 가치를 제대로 공유하려면, 역사를 꿰뚫는 이 가이드라인이 필수적이다. 가이드라인은 보존의 지침을 넘어서, 시대적 상황을 고증하는 자료를 함께 수록하여 독자의 이해를 돕고, 공간의 역사적 흐름을 생생히 되살린다.

흑린각은 번화로 일대의 금융, 상업 건축물이 밀집한 '상업지역'에 속한다. 따라서 '상업지역 가이드라인'을 따르는 것이 이 건물의 보존과 활용을 위한 첫걸음이다. 그러나 여기서 멈추지 않고, 별도의 가이드라인을 흑린각에 더하고자 한다. 그것은 문화재를 다룰 때 문화재와 비문화재를 구분하는 철학을 흑린각에 적용하는 것이다. 흑린각은 아직 문화재로 지정되지 않았지만, 나는 이 건물이 언젠가 문화재로 인정받기를 바라며 이런 결론에 이른다.

문화재는 아니지만,
문화재를 다루듯이.

흑린각은 그 안에 담긴 시간의 깊이와 역사적 맥락을 존중하며, 우리는 이 건물을 마치 소중한 유산처럼 다루어야 한다. 이 공간은 시대의 흐름과 기억을 담아낸 살아있는 증언이 될 것이다.

2
공간은 줄이고
의미는 크게

**용도를
하나로 줄이다**

흑린각의 용도를 결정하는 일은 설계의 출발점이자, 생명력을 부여하는 과정이었다. 주택, 상가, 사무실, 공장, 전시관, 숙박 시설 등 어떤 형태로 존재할지에 따라 공간은 다른 이야기를 품는다. 사용자의 움직임, 공간의 쓰임새, 그리고 그에 따른 필요 면적은 용도에 따라 각기 다른 모습을 그려낸다. 흑린각이 상업지역에 자리 잡고, 원래 상점으로 사용된 점을 고려하면, 앞으로도 상가로 활용하는 것이 그 본래의 정체성을 이어가는 길일 것이다.

상가로 설계하더라도, 업종에 따라 요구되는 요소는 달라진다. 이 공간을 누가 운영하느냐에 따라 들어설 업종이 정해질 터, 아직 운영자가 정해지지 않은 지금은 다양한 업종을 수용할 수 있는 유연한 설계가 필요했다. 다만, 설계 단계에서 특정 업종을 제한하거나 배제할 필요는 있을 것이다.

흑린각의 구조를 들여다보면, 원래 1층에 두 개의 상가가 있고 2층은 주거 공간으로 쓰였으며, 그로 인해 건물은 여러 작은 면적으로 나뉘어 있었다. 이런 작은 면적의 공간을 그대로 리모델링한다면, 상점으로 활용 가능한 공간은 터무니없이 협소해질 가능성이 높았다. 물론 세 개의 상업 공간으로 분할할 수도 있겠지만, 목포 근대역사문화공간 내 상가 중에서도 폭이 3~4m인 경우를 본 적이 있다. 그런 건물들은 리모델링 후에도 활용성이 떨어졌던 사례가 많았다. 상가 운영에 필수적인 계산대와 화장실 면적을 확보하고 나면, 남는 공간이 거의 없는 탓이다.

나는 문득 그런 건물의 카페에서 화장실조차 없는 모습을 떠올렸다. 음식을 먹다가 화장실이 가고 싶어도 갈 곳이 없다면? 대형 건물이 아닌 이상, 카페 밖에 화장실이 있을 리 만무했다. 이는 공간을 사용하는 사람들의 경험을 전혀 고려하지 않은 구성이다.

흑린각이 새로운 생명을 얻기 위해서는 과거의 공간을 보존하는 데 그쳐서는 안 된다. 무엇을 판매하든, 공간의 구조는 그 용도에 맞게 변화해야 한다. 흑린각은 그 안에 담길 이야기가 다시금 살아 숨 쉬려면, 공간은 그에 걸맞은 옷을 입어야 한다.

돌출부를 줄여 법을 지키다

흑린각의 면적을 줄이는 일은 그 존재를 다시 정의하는 과정이었다. 목포시의 요청과 법적 기준을 충족시키는 한편, 공간의 효율성을 높이기 위한 이 조치는 과거와 현재 사이에서 균형을 찾으려는 우리의 고민을 담고 있었다.

현재 건물이 건축물대장에 등록된 면적을 초과하고 있기에 허가된 범위에 맞춰 줄여야 했다. 그중에서도 쉼터 방향으로 대지 경계를 넘은 부분을 잘라내는 작업은 불가피했다. 이는 목포시가 요청한 지적선 돌출부를 바로잡는 일이기도 했다.

리모델링 과정에서 또 다른 과제가 있었다. 배면부에 정화조를 설치할 공간을 확보해야 했고, 건물의 지저분한 배면부를 일자로 깔끔하게 정돈할 필요가 있었다. 그러기 위해 주거용으로 사용되었던 1동, 면적 20.17m^2를 철거하고, 2동과 3동의 면적만으로 계획을 세우기로 했다.

이러한 결정은 법적 요구를 충족시키면서, 건물의 구조를 단순화하고 공간 활용도를 극대화하는 중요한 전환점이 되었다. 흑린각은 면적을 줄이며 본질을 더욱 선명히 드러낼 것이다. 그 축소는 곧 퇴보가 아닌, 그 속에서 본연의 가치를 재발견하는 길이 될 것이다.

공간 통합으로 가능성을 열다

공간을 하나로 통합한다는 것은 흑린각이 품고 있는 과거와 미래를 잇는 작업이며, 새로운 가능성을 열어가는 여정이다. 현재 상가로서의 사용성을 유지하면서도, 앞으로 임대로 활용될 잠재적 가치를 염두에 두고 하나의 넓은 공간으로 재구성하려는 것이다.

건물 좌우에 나뉘어 있던 두 개의 상가는 이제 하나의 커다란 공간으로 이어질 것이다. 이를 위해 1층과 2층 중앙부를 가로막고 있던 칸막이 벽체를 철거하여 좌우를 완전히 통합한다. 이렇게 만들어진 넓고 유연한 공간은 그 자체로 흑린각의 새로운 가능성을 상징한다.

2층은 전체적으로 개방감을 살려 설계함으로써 강연, 공연, 전시 등 다양한 활동이 펼쳐질 수 있는 다목적 공간으로 탈바꿈할 것이다. 이 개방감은 공간을 더욱 밝고 넓게 느끼게 할 뿐만 아니라, 방문객들이 그 안에서 자유롭게 소통할 수 있도록 돕는다.

1층과 2층은 하나의 연속된 흐름으로 연결된다. 각 층에 독립된 출입구와 화장실을 만들 필요 없이, 내부 계단을 통해 자연스럽게 이어지도록 설계함으로써, 면적을 절약하고 공간 활용의 효율성을 극대화한다. 계단은 위아래를 잇는 구조물이 아니라, 사람과 공간이 하나로 이어지는 동선의 중심이 될 것이다.

이러한 통합된 공간은 흑린각의 상업적 활용도를 한층 끌어올리고, 다양한 활동을 수용할 무한한 가능성을 품게 될 것이다. 공간은 사람들이 이야기를 나누고 꿈을 실현하는 무대가 된다. 흑린각은 이렇게 새로운 생명을 얻어, 그 안에 담길 수많은 이야기를 기다리고 있다.

보이드 공간이 흐름을 만든다

흑린각의 공간은 유기적 연결을 통해 다시 숨 쉬게 될 것이다. 정면과 배면, 1층과 2층, 외부와 내부가 서로 흐르듯 이어지는 공간은 건축적 설계에 그치지 않고, 사람과 공간, 과거와 현재를 아우르는 새로운 이야기를 창조할 것이다.

전면부의 번화로에서 후면부 쉼터로 자연스럽게 이어지는 동선을 계획하며, 흑린각은 개방감 있는 구조로 거듭난다. 정면과 배면을 잇는 출입문은 교차 배치되어 실내 공기의 흐름을 조절하고, 쾌적한 환경을 만들어낸다. 좁게 느껴질 수 있는 내부 공간에는 배면 쪽에 보이드 공간(Void Space)을 도입하여 시각적 확장감을 준다.

보이드 공간은 단순한 빈 공간이 아니다. 1층에서 2.5층까지 시야가 한눈에 트이게 하며, 서까래까지 드러난 구조는 전통과 현대를 아우르는 디자인적 상징이 된다. 이는 작은 건물임에도 불구하고 웅장한 개방감을 선사하며, 공간을 더욱 깊고 넓게 느끼게 한다.

또한, 이 보이드 공간은 자연광을 깊숙이 끌어들여 실내를 밝히고, 자연 환기를 촉진해 흑린각의 내부를 한층 더 쾌적하게 만든다. 그 자체로 독창적인 디자인 요소가 되어 건물의 가치를 한층 끌어올린다.

물론, 상업용 건물에서 보이드 공간은 사용 가능한 면적을 줄이는 부담으로 여겨질 수 있다. 그러나 그 공간이 만들어내는 개방감과 시각적 효과, 자연광과 환기의 조화를 통해 공간의 질을 높이며, 결과적으로 건물의 매력을 극대화한다. 흑린각은 머무는 사람들에게 감동을 주는 장소, 그 자체로 하나의 예술적 공간이 될 것이며, 보이드 공간은 흑린각에 새로운 숨을 불어넣는 창이자, 그 가치를 높이는 열쇠가 될 것이다.

설비를 한데 모아 효율을 높이다

마지막으로, 설비시설을 한곳에 집중적으로 배치하는 일은 흑린각의 효율성을 극대화하고, 공간의 숨결을 더욱 생생히 불어넣는 핵심 전략이었다. 1층 우측 코어에 설비를 집약함으로써 건물의 안전성과 접근성을 동시에 높이고, 제한된 사용 면적을 최대한 활용하려는 계획이다.

흑린각은 좌우 공간을 통합하더라도 그 규모가 작다. 그러니 화장실, 주방, 계단, 창고, 기계실, 전기 및 배관 설비를 건물의 우측에 집중 배치하여 코어로 구성하는 방안은 공간 효율성을 극대화하는 데 필수적이었다. 계단 아래에는 주방과 창고, 에어컨 설비를 두어, 남는 공간마저도 놓치지 않으려는 세심한 배려가 담겼다.

공간 통합을 통한 면적 축소와 설비집약

소음과 냄새는 설비 배치에서 놓칠 수 없는 요소였다. 실외기의 저음, 화장실 냄새, 수돗물이 흐르는 소리가 자칫 거주환경을 해칠 수 있었다. 이를 방지하기 위해 설비시설은 주거공간인 명신당이 아닌, 비주거공간인 구 갑자옥 모자점 쪽으로 배치했다. 이는 거주자의 쾌적함을 보장하고, 민원을 최소화하기 위한 선택이었다.

화장실은 남녀 화장실과 세면대를 하나의 세트로 구성하되, 공간을 효율적으로 활용하기 위해 최소 크기로 설계했다. 흑린각은 무엇이든 작고 단순해야 했다. 화장실을 넓게 만들면 주방 공간이 좁아지기에, 한 칸의 크기를 1.0×1.6m로 설정하고, 변기 뒤에는 선반을 두어 물건을 보관할 수 있게 했다. 출입문은 여닫이로 하여 소음과 사생활을 보호하고, 세면대는 출입동선과 겹치지 않도록 1.2m 간격을 확보했다. 세면대 하부에도 수납공간을 마련해 실용성을 더했다.

배면에는 쉼터를 조망할 수 있는 데크 공간을 두었고, 데크 하부에는 정화조를 설치해 시각적·공간적으로 분리했다. 이는 공간에 품격을 더하는 설계였다.

이 모든 구성은 흑린각을 목포의 새로운 랜드마크로 탄생시키기 위한 발판이다. 흑린각이 사람과 이야기를 담아내는 그릇으로서 목포의 역사와 미래를 잇는 공간이 되기를 진심으로 바란다.

3
보존과 활용의 양면 디자인

콘셉트:
정면과 배면의 철학

흑린각은 정면과 배면의 두 얼굴을 통해 과거와 미래를 잇는 다리가 되고자 한다. 정면은 1920년대의 고즈넉한 기억을 품고, 배면은 2020년대의 활기를 담아낸다. 흔히 복원과 활용 사이에서 하나를 선택해야 한다는 딜레마에 빠지지만, 흑린각은 그 두 가지를 조화롭게 품을 특별한 가능성을 지녔다. 정면부가 지닌 '나가야' 특성과 배면부가 지닌 쉼터의 풍경은 동전의 양면처럼 서로를 보완하며 하나의 이야기를 완성한다.

정면은 과거의 시간과 흔적을 온전히 복원하기로 했다. 1930년대의 희미한 사진 속에서 발견된 단서를 따라, 정면과 측면의 원형을 최대한 살려내는 것이다. 반면, 배면은 현대적 감각을 담아 새롭게 설계한다. 구조적 변화는 어렵지만, 재료의 선택은 우리의 몫이었다. 증축된 일부를 철거하고, 그 자리를 창과 벽으로 메우며 새로운 디자인의 가능성을 탐구했다. 정면이 과거의 시간을 증언한다면, 배면은 미래의 창을 열어두는 것이다.

정면과 배면의 외장재를 동일하게 할지, 아니면 차이를 두어 시대적 대비를 강조할지 역시 고민이 깊었다. 그러나 "최초 건축 영역은 원형대로, 중간 증축 영역은 현대적으로"라는 방향은 명확했다. 정면은 형태와 재료의 변형을 최소화해 과거의 숨결을 살리고, 배면은 현대적 디자인과 재료로 새롭게 태어나게 했다.

흑린각은 그렇게 탄생한다. 정면은 100년의 시간을 담은 과거의 얼굴로, 배면은 오늘과 내일을 담아내는 창으로. 이 건축물은 복원이 그치지 않고 시간과 공간을 아우르는 예술적 작품이 될 것이다.

외관:
정면은 일식 형태,
배면은 일식 모듈

흑린각은 정면과 배면이 서로 다른 시대를 품은 두 개의 이야기로 구성된다. 정면은 일본식 나가야의 원형을 복원하여 1920년대의 기억을 불러오고, 배면은 쉼터와 연계된 현대적 디자인으로 새로운 해석을 더한다.

정면은 일본식 형태로 하고 배면은 일본식 모듈로 한다. 즉, 정면은 그 시대의 흔적을 고스란히 담아내는 것이 목표였다. 어떤 업종이 들어오더라도 입면의 원형을 변경하거나 훼손해서는 안 된다. 우리는 1930년 전후의 사진을 바탕으로, 당시 상점으로 사용되던 입면을 최대한 충실히 재현하기로 했다. 나가야 특유의 지붕, 외벽, 창호, 돌출 창호와 난간, 1층 돌출 지붕과 2층 눈썹지붕 등, 세세한 디테일 하나도 놓치지 않으려 했다. 이 복원의 핵심은 스케일과 비례감이었다. 비늘판벽이나 창문의 크기가 조금이라도 달라지면, 원형을 훼손한 것과 다름없기 때문이다. 구 야마하 선외기의 비늘판벽 크기나 창문의 크기처럼 스케일을 따르지 않을 경우 스스로는 원형을 따랐다고 생각할지 모르지만, 원형을 훼손한 것이다.

따라서 정면 파사드는 전체적인 비례를 고려하여 위치, 크기, 재료를 설정했다. 건물의 길이는 7m로 정하고, 기둥 간격은 1m의 모듈을 따르며 전체적으로 대칭되는 형태로 설계했다. 정면 1층에는 돌출 창을, 2층에는 돌출 난간을 두어 입체적이고 생동감 있는 디자인을 완성했다. 측면은 원형으로 추정되는 회벽 마감을 재현하며, 벽면과 기둥, 창호가 자연스럽게 드러나도록 했다. 측면 창호는 사진 자료가 부족한 탓에 현재 위치와 정면 창호를 참고로 구성했다.

배면은 또 다른 이야기를 품는다. 쉼터로 돌출된 면적을 잘라내고, 내부와 외부의 조망을 고려한 현대적 재료를 사용했다. 배면 역시 정면과의 조화를 유지하기 위해 1m 기둥 간격을 모듈로 설정했다. 이 모듈은 정면과 배면을 연결하는 디자인적 언어가 되어 두 시대를 하나의 흐름으로 이어준다.

배면에는 현대적 재료의 상징인 유리를 적극 활용했다. 유리로 만든 개방적인 구조는 쉼터와 내부 공간을 연결하며, 빛과 공기를 자연스럽게 끌어들인다. 그 투명함은 과거와 현재의 경계를 허물며 흑린각의 또 다른 매력을 완성한다.

이제 흑린각은 과거의 정취와 현대적 감각을 동시에 품은 공간으로 태어날 것이다. 정면과 배면은 목포의 역사와 미래를 상징하는 요소로 자리 잡을 것이다.

창호:
정면은 목재 창호,
배면은 금속 창호

정면은 일본식 형태를, 배면은 일본식 모듈을 따르기로 했다. 정면은 예전의 모습을 충실히 복원하여 원형에 가깝게 재현하고, 업종과 무관하게 보존하는 것이 원칙이다. 어떤 업종이 들어서든지 입면을 변경하거나 훼손해서는 안 된다는 철칙이 있다. 1930년 전후의 사진을 근거로 상점으로 사용되던 당시의 입면을 최대한 재현한다. 나가야로 사용되던 시기의 지붕, 외벽, 창호, 돌출 창호와 난간, 1층 돌출 지붕, 2층 눈썹지붕까지 모두 복원하며, 이 과정에서 가장 중요한 것은 각각의 스케일을 원래 규모에 맞추는 것이다.

구 야마하 선외기의 비늘판벽이나 창문 크기처럼 스케일을 무시하면 아무리 원형을 따랐다고 해도 본래의 조화를 잃어버리게 된다. 정면 파사드는 전체적인 비례감을 살리기 위해 위치, 크기, 재료를 신중히 결정해야 한다. 건물의 길이는 7m, 기둥 간격은 1m 모듈로 설정하되, 전체적으로 대칭미를 유지한다. 정면 1층에는 돌출 창을, 2층에는 돌출 난간을 배치해 입체감을 부여했다. 측면은 원형으로 추정되는 회벽 마감과 동일하게 흰색으로 마감하고, 벽면과 기둥, 창호가 조화를 이루도록 했다. 측면 창호는 사진으로 확인되지 않았으나, 현재 위치와 정면 창호의 형태를 참고하여 설계한다.

배면은 쉼터와 연계된 공간으로, 돌출된 면적을 제거하고 현대적 요소를 도입했다. 배면 설계는 정면과의 연계성을 유지하며, 1m 간격의 기둥 모듈을 적용해 연계성과 통일감을 준다. 여기에는 유리를 적극 활용해 내부와 외부를 연결하는 개방적인 조망을 확보했다. 배면의 현대적 재료는 쉼터와의 조화를 이루며, 과거와 현재를 자연스럽게 아우른다.

정면과 배면 모두에서 창호가 차지하는 면적은 상당하다. 기술의 발전은 창문의 크기를 키우며 디자인의 중요성을 더욱 부각시켜 왔다. 창문은 채광과 환기의 역할을 넘어, 그 나라와 지역, 시대의 특성을 담아내는 상징이 되었다.

정면 창호는 1930년대 사진과 현재의 상황을 면밀히 비교하며 위치와 크기를 추정해 냈다. 유실된 돌출 창호와 돌출 난간은 원형에 대한 조사와 고증을 통해 위치와 형태를 복원했다. 창호 디자인은 정면, 측면, 배면 각각의 상황과 맥락에 따라 원형 복원, 현황 고려, 현대적 해석의 세 가지 방향으로 접근했다. 크게 보면 정면과 측면은 목재 창호로, 배면은 알루미늄 창호로 구성해 재료 선택의 차별성을 두었다.

정면 창호는 1층에 돌출 창과 출입문, 2층에 목재 창호를 배치했다. 좌우대칭의 구조는 건물의 비례감을 살리는 데 필수적이었다. 1층에는 돌출 창과 출입문 2개를, 2층에는 목재 창호 2개를 설치해 전체적으로 조화로운 대칭을 이루었다. 특히,

1층 돌출 창의 기단부는 시멘트 모르타르로 마감하고 페인트칠을 더해 세련되게 마무리했다. 돌출 창과 출입문의 기단부 높이를 맞추기 위해 각고의 노력을 기울였다. 2층 창호는 흑린각의 가장 큰 매력을 구현하기 위해 돌출 난간을 설치했다. 돌출 난간은 흑린각의 정체성을 대표하는 요소로, 건물 매입 당시 매력을 느끼게 했던 주요 부분이기에 충실히 복원했다.

측면 창호는 2층에만 설치되었으며, 여러 차례 변형된 것으로 보인다. 형태는 정면과 현재 상태를 참고해 복원했고, 위치는 철거 당시의 흔적과 명신당과의 관계, 외엮기 흙벽의 위치, 내부 환기 등을 종합적으로 고려해 중간 지점에 설치했다.

창호에는 창호 틀 두께에 적합한 강화유리를 사용했다. 1920년대에는 유리 크기가 작았던 점을 감안하고 근대적 이미지를 살리기 위해 유리 크기를 작게 설정했다. 다만, 목새 창호의 두께가 얇아 파손과 단열 문제가 우려되었다. 하지만 이 건물은 과거 더 혹독한 추위를 견뎌왔던 만큼, 현재 상황에서도 큰 문제는 없을 것으로 판단했다.

배면 설계는 조망의 미학을 극대화하기 위해 유리 창호, 즉 통유리벽을 중심으로 이루어졌다. 우측 비디오 가게 쪽은 완전 개방을 목표로 전체 통유리벽을 설치했고, 좌측 서울반점 쪽은 원래 유리 창호가 있던 위치를 존중해 상부만 통유리벽으로 계획했다. 투명한 유리 너머로 쉼터와 연결되는 내부 공간의 아름다움을 드러내고자 했다.

우측 통유리벽의 높이는 무려 5.1m에 이른다. 강화유리의 안정성을 고려할 때 접이식(폴딩도어)이나 개폐식은 구조적으로 무리가 있어 고정창으로 정할 수밖에 없었다. 통유리벽은 기존의 모듈을 살려 세로와 가로로 4분할된 프레임을 노출시켰다. 프레임은 일식 가옥 창호의 느낌을 담아내는 데 중요한 역할을 했다. 두꺼운 프레임으로 입체감을 부여했으며, 건물의 크기를 고려해 두께를 약 2cm로 설정했다.

색상은 목재와 어우러지는 갈색으로 도장하여 통일감을 살렸다.

좌측 서울반점 부분은 과거 2층에 반투명 유리창이 자리했던 공간이었다. 창을 열었을 때 마주하던 나무의 운치가 배면의 매력 중 하나였기에, 이 감각을 되살리는 데 초점을 맞췄다. 한식 창호를 활용해 고즈넉한 아름다움을 구현하고자 했고, 외부에는 통유리벽을 배치해 한식 창호를 받쳐주었다. 한식 창호는 내부로 살짝 후퇴시켜 쉼터에서 깊이감을 느낄 수 있도록 했다. 창을 열면 쉼터가 한눈에 조망되도록 설계해, 내부와 외부가 자연스럽게 연결되도록 했다.

유리 창호를 통해 쉼터와 건물이 서로를 비추고 감싸는 풍경은 공간이 지닌 시간을 담아내는 투명한 캔버스가 될 것이다.

지붕:
기존은 일식 기와,
증축은 징크 패널

사람이 옷을 입을 때 머리를 함께 손질하지 않으면 전체적인 스타일이 완성되지 않는 법이다. 머리를 잘 연출하면 옷의 아름다움이 한층 돋보이고, 세련된 인상을 남길 수 있다. 건축물에서도 마찬가지다. 지붕은 건물의 머리와도 같은 존재로, 건축물의 첫인상을 좌우하는 중요한 요소다. 패션에서 머리가 완성도를 결정하듯, 건물의 완성도는 지붕에서 비롯된다.

지붕은 건축물의 정체성과 아름다움을 담아내는 상징적 역할을 한다. 적절한 재료와 세련된 디자인을 갖춘 지붕은 건물의 미적 가치를 높이며, 주변 환경과 조화를 이루는 데 기여한다. 흑린각의 지붕 또한 이러한 맥락 속에서 정밀하게 다듬어지고 설계되었다.

원형에 가까운 복원을 위해, 최초 건축 영역에서는 일식 기와를 사용하는 것이 필수적이었다. 1920년대의 일식 기와는 가볍지만, 현재 생산되는 기와는 상대적으

정면

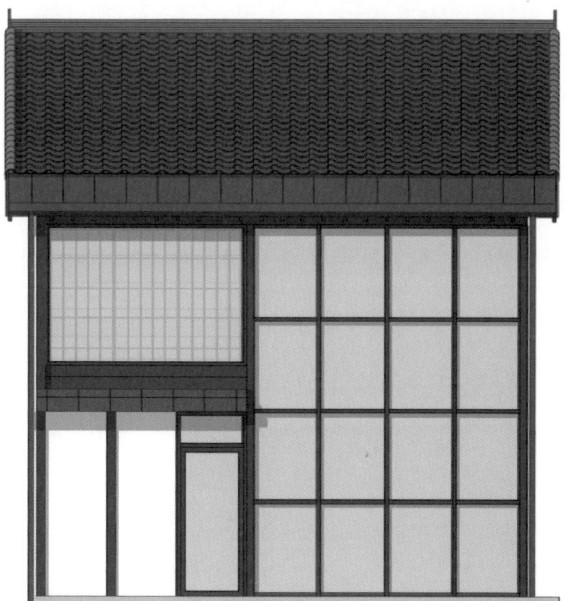

배면

흑린각 외관 콘셉트

로 무겁기에 구조 보강이 필요할 수 있다. 일식 기와는 그 자체로 건축물의 보존 방향과 의미를 규정짓는 중요한 요소였다. 흑린각의 복원이 진정성을 갖추기 위해서는 입면 상 일식 기와를 사용해야만 했다.

지붕 설계는 원형 복원과 현대적 해석을 반영하여, 일식 기와와 징크 패널로 구분했다. 최초 건축 영역은 1930년대 사진을 참고해 일식 기와로 복원했다. 중간 증축 영역은 당시의 함석지붕이나 석면 슬레이트를 그대로 사용할 수 없기에, 현대적으로 해석해 징크 패널로 대체했다.

지붕의 디테일에도 세심한 주의를 기울였다. 정면 1층 돌출 처마는 일식 기와로 마감하고, 2층 창호 처마는 목재로 마감하였다. 배면 출입구의 처마에는 징크 패널을 적용하여 일관성을 유지하였다. 특히 징크 패널은 철거 전 석면 슬레이트의 세로 패턴을 반영해 디자인되었으며, 처마의 경사각 역시 정면은 기와의 경사각, 배면은 징크의 경사각을 따르도록 설계하였다. 홈통 또한 부식을 방지하기 위해 징크로 마감하여 지붕과 전체적인 통일성을 강조하였다.

흑린각의 외관 설계는 건축 당시의 재료와 디자인 차이를 고려하며, 보존과 활용이 조화롭게 어우러지도록 진행되었다. 정면부는 1920년대의 모습을 원형 그대로 재현하고, 배면부는 현대적 요소를 더해 기능성과 미관성을 모두 충족시켰다. 이러한 설계를 통해 흑린각은 목포 근대역사문화공간에서 중요한 건축물로 자리매김할 것이다. 과거와 현재가 한 공간에 공존하는 흑린각은, 역사와 현대가 조화를 이루며 새로운 미래를 제시하는 공간으로 재탄생하게 될 것이다.

4
원형을 지키는 세 가지 원칙

근대건축물 리모델링은 과거와 현재를 잇는 섬세한 작업이다. 신축이 아니기에, 기존 설계도면이 없는 상황에서 현황에 의존할 수밖에 없다. 하지만 이는 역사의 흔적을 살려내는 기회이기도 하다. 건물의 원래 구조, 부재, 재료를 최대한 보존하면서도, 현대적 기능성을 더해 새로운 생명을 불어넣는 과정이다.

원래의 구조를 살린다

건축물의 역사적 가치를 보존하는 첫걸음은 원래 구조를 유지하는 것이다. 근대건축물의 기둥, 보, 벽체 등은 당시의 건축적 특징을 보여주는 중요한 요소다. 흑린각 또한 나가야 구조와 구 갑자옥 모자점의 독특한 형식을 보존하기 위해 원래의 구조를 유지하는 것에 중점을 둔다.

구조를 유지하는 일은 과거를 재현하는 데 그치지 않는다. 이는 건물의 안전성을 보장하는 핵심 요소이기도 하다. 흑린각을 100년 동안 지탱해 온 기둥의 위치와 굵기, 보의 연결 구조, 벽체의 재료와 두께는 그 자체로 건물의 안정성을 증명한다. 리모델링 과정에서도 이러한 주요 구조 요소를 유지하고 보강함으로써 건물의 내

구성을 한층 높일 수 있다.

현대적인 기술을 활용해 기능성은 개선할 수 있다. 기존 외엮기 흙벽 구조는 단열재를 추가하여 단열 성능과 에너지 효율성을 높이고, 외벽은 회벽 마감, 내벽은 도장 마감으로 새로운 생기를 불어넣는다. 이로써 과거와 현재가 조화를 이루는 공간을 완성할 수 있다.

1층 바닥은 도로보다 높은 지반고로 설계해 침수 위험을 방지할 계획이다. 원래 흑린각의 1층 바닥은 도로보다 높았지만, 지속적인 도로포장으로 인해 지금은 침수 위험에 노출되어 있다. 이는 건물의 안전성을 확보하고 앞으로도 오래도록 사용할 수 있도록 하는 중요한 조치다.

이처럼 흑린각의 리모델링은 과거의 구조를 존중하며 현대적 개선을 더해, 역사적 가치를 잃지 않고도 오랜 세월을 견딜 수 있는 건축물로 다시 태어날 것이다. 시간이 만들어낸 가치와 미래를 잇는 새로운 도약의 시작이다.

원래의 부재를 활용한다

건축물의 원래 구조를 지탱하기 위해서는 그 시대의 숨결이 깃든 원래의 부재를 활용하는 것이 가장 중요하다. 이는 건물의 외관을 보존하는 데 그치지 않고, 당시의 건축 양식, 기술, 그리고 재료가 가진 이야기를 후대에 전하기 위함이다. 오래된 건축물에 사용된 부재는 그 시대의 건축적 특성이자 지역적 정체성을 담고 있다.

특히 건축물 일부를 보존하고 활용하는 것은 단절되지 않은 건축적 연속성을 제공한다. 흑린각은 그러한 연속성의 좋은 예다. 건물이 지닌 시간의 층위를 드러내며, 역사를 이해하고 그 변화 과정을 체감하게 한다. 각 시대에 걸쳐 확장되거나 개조된 건물에서 원래의 재료를 유지하는 것은 각 시대의 건축적 특징을 하나의 공간

안에 담는 일이다. 흑린각은 최초 건축 영역과 증축된 영역이 다른 시기에 지어져, 각 시대의 흔적이 교차하는 독특한 건축적 특징을 지닌다. 이처럼 시간의 흐름 속에서 쌓여온 흔적을 보존함으로써 건물의 역사적 가치는 더욱 빛난다.

기존 부재를 재사용하면 건축물에 개성과 깊이를 더할 수 있다. 오래된 목재 기둥과 보는 시간이 만들어낸 고유의 질감과 색채를 간직하고 있으며, 때로는 인테리어 소품으로 활용해 공간에 생동감을 불어넣기도 한다. 이러한 부재는 그 자체로 역사적 의미를 지니며, 건물과 연관된 이야기를 전달하는 매개체가 된다. 화재로 탄화된 목재는 건물이 겪은 고난과 역사를 기억하게 하고, 방문자들에게 그 시대의 숨결을 생생히 느끼게 한다.

기존 부재를 활용하는 방식은 크게 두 가지로 나뉜다. 원형을 그대로 재사용하거나, 동일한 규격으로 교체하는 것이다. 만약 기둥이 부식되거나 탄화되어 안전에 위협이 된다면, 그 부위를 잘라내고 동바리이음(기둥 전체를 교체하지 않고 덧대어 보강하는 방법)을 통해 보강하거나 동일 규격의 새 부재로 교체한다. 이렇게 원형을 유지하면서도 안전성을 확보하는 것은 보존과 활용의 균형을 맞추는 핵심이다.

바닥 마감도 세심하게 고려했다. 1층 바닥은 보존 가치가 높지 않아 콘크리트 폴리싱(연마를 통해 광택이 나는 효과를 주는 등의 공법)으로 마감하기로 했다. 이는 물이나 커피가 바닥에 흘러도 쉽게 스며들지 않게 하기 위함이다. 어떤 업종이 들어오더라도 커피의 흔적은 남을 가능성이 크기에, 실용성을 고려한 선택이다. 반면, 2층 바닥은 완전히 다른 접근이 필요했다. 이곳은 1층의 천장이기도 하고, 2층의 마루다. 이 목재 마루는 원형 그대로의 모습이 돋보여, 최대한 손상을 주지 않고 보존하는 것이 중요했다.

흑린각은 이렇게 과거의 구조와 부재를 세심히 보존하면서도 현대적 기능을 더해, 그 자체로 살아있는 역사가 될 것이다. 시간의 흔적을 간직한 공간은, 그곳을 찾는 이들에게 시대를 잇는 역할로 남을 것이다.

원래의 재료를 재현한다

흑린각에 사용된 원래의 건축 재료를 재현하는 것은 단순한 장식이 아니다. 이는 건물의 역사적 가치를 보존하고, 그 과거를 시각적으로 되살려내는 깊이 있는 작업이다. 흑린각의 벽면 한 구간에는 외엮기 흙벽을 노출시켜, 쉼터에서 이를 바라볼 수 있는 위치에 배치하기로 했다. 외엮기 흙벽은 그 자체로 흑린각이 지닌 시간의 무게를 보여주는 상징적 요소지만, 원래의 상태가 온전치 않아 보존이 불가능했다. 대신 전통 방식을 재현해, 건물의 옛 모습을 일부분이나마 복원하고자 했다. 이는 완전한 복원이라기보다는 그 시대의 건축적 흔적을 인테리어로 해석한 재현에 가깝다.

또한, 흑린각의 바닥에는 과거의 흔적을 고스란히 남기기 위해 벽체, 방문, 계단이 있던 자리의 위치를 표시하기로 했다. 목재의 방향과 너비를 섬세히 조정해, 과거 이 공간이 어떤 형태로 사용되었는지 자연스럽게 드러나도록 했다. 이를 통해 방문자는 건물을 감상하는 데 그치지 않고, 흑린각이 품었던 과거의 시간을 공간 속에서 체감할 수 있다.

이러한 방식은 과거와 현재가 공존하는 새로운 공간을 만들어낸다. 전통적 요소를 유지하면서도 현대적 감각을 가미한 인테리어는, 흑린각을 역사와 현대가 어우러진 특별한 장소로 재탄생시킬 것이다. 이 공간은 흑린각이 걸어온 시간을 증언하며, 앞으로도 그 이야기를 이어갈 수 있는 매개체가 될 것이다.

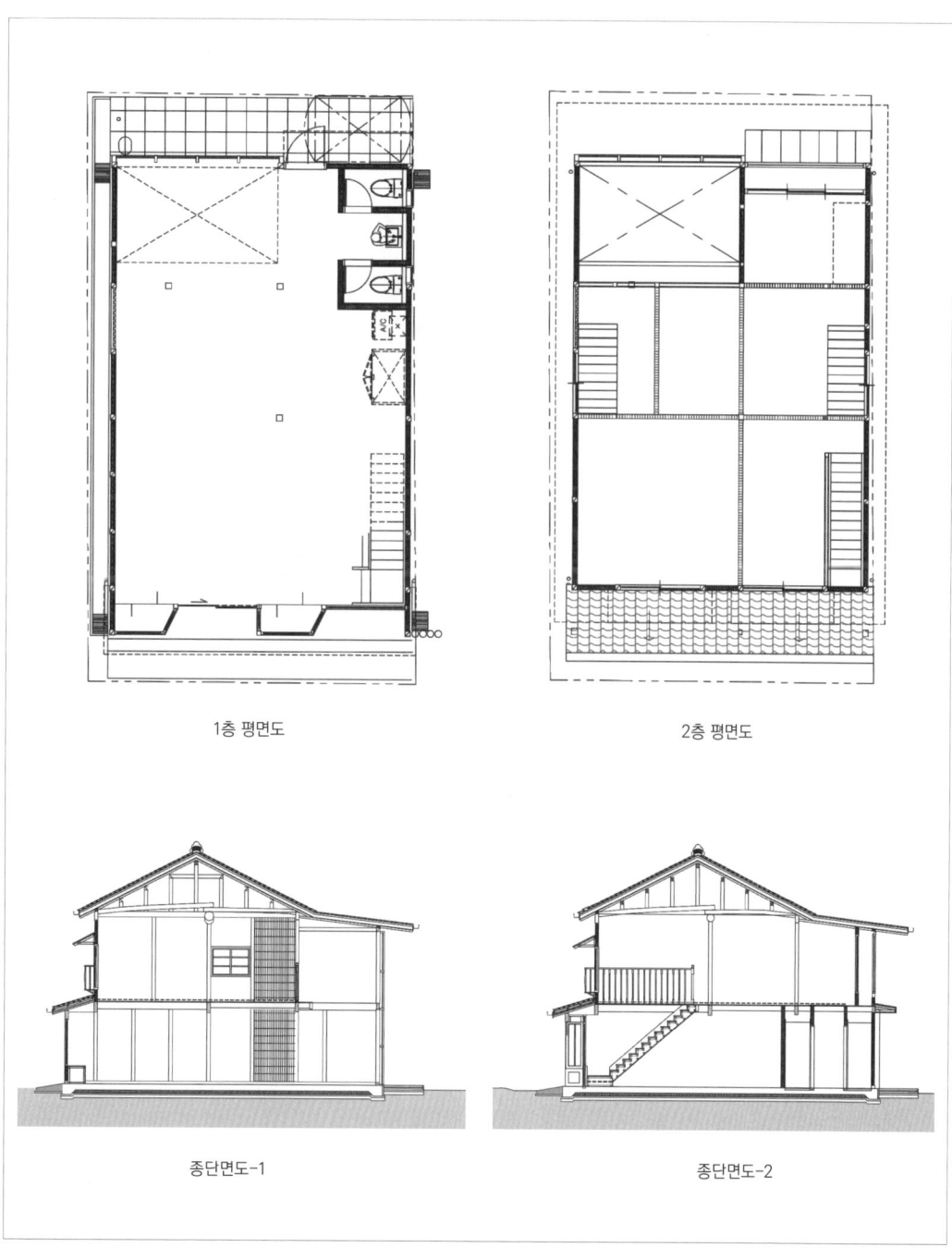

1층 평면도 2층 평면도

종단면도-1 종단면도-2

흑린각 내부 계획

5
탄화된 목재를 남기는 선택

천장에 새겨진 건물의 역사

흑린각 2층 천장에 남아 있는 탄화목은 이 건물이 지나온 시간과 역사를 고스란히 품고 있는 중요한 흔적이다. 그을린 나무는 그 건물이 겪어온 고난과 생명을 증언한다. 우리는 이 탄화된 구조재를 최대한 살려, 흑린각이 지닌 진실성을 그대로 표현하기로 했다. 사용 가능한 탄화목은 해체 후 다시 활용하고, 부분적으로만 사용 가능한 부재는 인테리어 요소로 재탄생시켜 건물의 이야기를 이어가도록 했다.

기둥의 경우, 밑부분이 썩었을 때는 잘라내고 이음을 하면 구조적으로 문제가 없다. 그러나 보는 이야기가 다르다. 보는 하나의 통째로 유지해야 구조적 결함이 생기지 않는다. 특히 베개보는 한 덩어리로 사용하는 것이 최선이다. 흑린각의 베개보는 탄화된 상태였고, 구불구불하고 크기마저 일정치 않아 그대로 사용할 수 있을지 고민이 깊었다. 그러나 구조 자문 결과, 베개보의 중앙 부분을 기둥으로 받치고 있어 안전하다는 결론이 나왔다. 게다가, 원목으로 신재를 만들어 교체한다 해도 지금과 같은 형태를 재현하는 것은 어려운 일이었다.

단면적이 큰 보의 경우, 겉이 탄 상태 그대로 남겨두기로 했다. 이는 탄화된 외면이 오히려 시간이 남긴 흔적이자 건물의 정체성을 드러내기 때문이다. 다만, 각연은 사정이 달랐다. 원래의 각연은 1965년 화재로 모두 소실되었고, 지금의 각연은 화재 이후 슬레이트를 얹기 위해 만든 것이기에 건축적 가치를 지니지 않는다. 따라서 현재의 각연은 모두 새것으로 교체하기로 했다.

베개보는 비록 탄화되었지만, 그 속은 온전해 사용 가능하다. 반면, 화재 이후 덧댄 각연은 본래의 것이 아닌 데다 제대로 된 구조적 기능을 하지 못하므로 교체가 불가피하다. 이처럼 흑린각은 원래의 부재와 현대적 보강을 균형 있게 병행하며, 그 고유의 이야기를 보존하면서도 새로운 생명력을 얻게 될 것이다.

탄화목을 리모델링에 활용하는 이유는 재료의 재사용 외에도, 건물이 지닌 고유의 이야기를 담아내기 위함이다. 탄화목은 1965년 흑린각이 겪었던 화재라는 역사적 사건을 기억하게 한다. 그 검게 그을린 표면은 건물이 지나온 시간을 시각적으로 드러내며 깊은 울림을 준다. 탄화목을 노출하거나 디자인 요소로 활용하면, 흑린각은 고유의 스토리를 품은 공간으로 거듭난다. 방문객은 이 공간을 통해 역사와 건축의 대화를 들을 수 있고, 잊을 수 없는 강렬한 인상을 받을 것이다.

흑린각 천장의 탄화목은 화재의 흔적을 고스란히 간직하며, 건물의 깊이를 한층 더한다. 탄화된 나무는 마치 그 시대의 상흔을 보여주는 회화처럼, 공간에 무게감을 실어주고 스토리텔링의 중요한 축이 된다.

탄화목은 독특한 시각적 효과를 제공한다. 이를 지붕의 보와 같이 주요 디자인 요소로 활용하면, 공간에 자연스럽게 시선이 모이는 중심점이 형성된다. 이는 공간의 중심을 잡아주고, 미학적 품질을 높이며, 시각적 완성도를 더한다. 전통 일식 가옥에서는 천장에 반자를 설치하는 것이 일반적이지만, 탄화목을 돋보이게 하려면 반자를 제거한 노출 천장이 더 적합하다. 탄화목이 드러난 천장은 공간감과 개방감을 극대화하며 건물의 상징성을 더욱 강조한다.

불에 탄 목재의 표면은 고유한 질감과 색감을 지닌다. 거친 표면은 금속 같은 현대적 재료와 결합할 때 강렬한 대비를 이루며, 근대와 현대, 자연과 인공의 경계를 아우른다. 이러한 대비는 건물의 시각적 흥미를 배가시키고, 미학적 가치를 높인다.

탄화목이 지닌 자연스러운 아름다움은 특별하다. 불에 그슬린 표면은 가공하지 않아도 고유의 거칠고 자연스러운 매력을 발산하며, 인테리어 디자인에 빈티지한 감성을 더해준다. 시간이 지남에 따라 탄화목은 더욱 깊고 풍부한 색감과 질감을 얻게 되어, 공간에 따뜻함과 깊이를 더한다. 이러한 자연스러운 노화 과정은 공간에 생명력을 불어넣으며, 사람들에게 시간의 흐름을 느끼게 한다.

탄화목은 그 자체로 인테리어가 된다. 벽면이나 천장에 사용하면 자연스러운 따뜻함과 미학적 가치를 발휘한다. 흑린각의 탄화목은 그 안에 담긴 이야기와 아름다움을 통해 사람들에게 잊을 수 없는 공간적 경험을 선사할 것이다.

탄화목은 1965년 화재 이후에도 수십 년간 흑린각을 묵묵히 지탱해 왔다. 그 오랜 세월은 탄화목이 시간을 견디며 이야기를 품어온 존재임을 말해준다. 남대문 복원에서도 탄화목이 사용되었듯이, 구조적으로 문제가 없는 탄화목은 보강 작업만으로도 충분히 안정성을 확보할 수 있다. 표면을 보강하거나 보호층을 덧대는 방식을 활용하면, 구조적 지지 없이도 오랜 시간 안전하게 사용할 수 있다. 탄화목은

1965년 화재로 탄화된 천장

탄화목의 세부

불에 그슬려 표면이 단단해진 덕분에 내구성이 뛰어나며, 해충에도 강한 특성을 지닌다. 이런 장점 덕분에 탄화목은 구조적 요소로 재사용될 때 안정성과 내구성을 유지할 수 있다.

탄화된 표면에 투명한 보호 코팅을 적용하면, 목재의 강도는 더욱 보강되며 탄화된 외관의 아름다움도 유지할 수 있다. 검은색에서 회색, 갈색에 이르는 다양한 색조를 지닌 탄화목은 다른 재료와 결합할 때 강렬한 대비를 이루거나 조화롭게 어우러진다. 탄화목의 어두운 색상은 밝은 벽체와 대조를 이루어 강렬한 시각적 효과를 선사하며, 건물에 생동감을 더한다.

탄화목의 거친 표면은 자연스러우면서도 독특한 질감을 자아낸다. 인위적인 가공 없이도 탄화목은 그 자체로 깊이 있는 미학적 가치를 지닌다. 이를 구조적 요소로 노출하면, 건축물의 구조적 아름다움이 한층 강조된다. 구조와 디자인이 일체화된 공간은 통일감을 제공하며, 그 안에 머무는 사람들에게 깊은 인상을 남긴다. 천장이나 벽면에 탄화된 보를 드러내면 공간의 중심이 명확해지고, 시각적 깊이와 무게감이 더해진다.

탄화목을 활용해 흑린각은 근대와 현대가 공존하는 공간으로 다시 태어날 것이다. 불에 탄 흔적은 고난의 기억을 품고 있으면서도, 그 자체로 흑린각이 앞으로 써 내려갈 새로운 이야기를 담게 될 것이다.

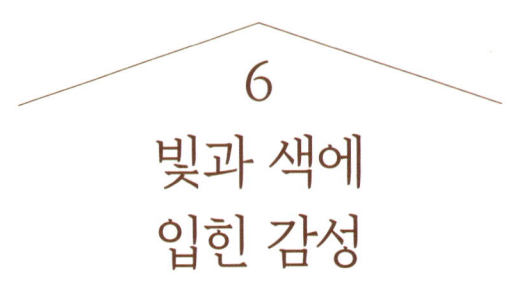

6
빛과 색에 입힌 감성

달빛을 닮은 조명

조명에 대한 고민이 깊어질 무렵, 문득 (주)비츠로 앤 파트너스의 고기영 대표가 떠올랐다. 그의 조명은 늘 단아하고 품격이 넘쳤다. 오래전부터 친분이 있던 터라 그가 답을 줄 것이라는 확신이 있었다. 조언을 요청하자 그는 흔쾌히 응해주었고, 손수 스케치를 곁들여 명쾌한 콘셉트까지 정리해 주었다.

조명은 온화하게
등기구는 단순하게
선형은 깔끔하게
기구 색은 어둡게

이 네 마디에 담긴 조명의 철학은 흑린각의 공간에 딱 들어맞았다.

"조명은 온화하게"
조명을 온화하게 설정한다는 것은 빛이 부드럽고 따뜻하게 공간을 감싸야 한다는 의미다. 강렬하고 날카로운 빛 대신, 은은하고 편안한 빛이 공간의 온도를 결정 짓는다. 이를 위해 확산광을 사용했다. 확산광은 빛을 넓고 고르게 퍼뜨려, 특정 지점을 강조하기보다는 공간 전체에 부드러운 분위기를 연출한다. 조명의 색온도는 2,700K에서 3,000K 사이로 설정해 황색 빛을 띠도록 했다. 달빛을 닮은 이 따뜻한 색온도는 아늑함과 편안함을 선사한다. 밝기는 지나치지 않게 조절해 눈의 피로를 줄이고, 공간을 차분하게 만들어준다. 그림자가 적고 빛이 고르게 퍼지도록 디자인된 등기구를 통해, 조명은 공간의 감성을 형성하는 요소가 된다.

"등기구는 단순하게"

단순한 디자인은 세련됨의 본질이다. 복잡한 디테일을 배제한 등기구는 조명의 본질에 집중할 수 있도록 한다. 화려한 장식 대신 깔끔한 형태는 현대적이면서도 품격 있는 느낌을 선사하며, 공간의 다른 요소들과 자연스럽게 어우러진다.

"선형은 깔끔하게"

조명은 선으로 공간을 그린다. 그 선이 깔끔하고 정돈되어 있을 때, 공간은 비로소 안정감을 갖는다. 직선적이고 명료한 선형은 공간을 넓고 정돈된 느낌으로 만들어, 현대적이면서도 미니멀한 분위기를 형성한다. 이런 선형은 시각적으로 단순할 뿐만 아니라 공간에 개방감을 더해준다.

"기구 색은 어둡게"

어두운 색상의 조명기구는 공간에 깊이와 무게감을 부여한다. 짙은 톤의 기구는 세련된 고급스러움을 더하며, 다른 인테리어 요소를 돋보이게 하는 역할을 한다. 어두운색은 배경에 녹아들어 자연스러운 조화를 이루며, 조명 자체가 돋보이면서도 과하지 않은 균형을 잡아준다.

이 모든 요소는 흑린각의 고유한 분위기를 완성하기 위한 것들이었다. 고기영 대표의 조언은 조명 설계가 아니라, 공간을 재탄생시키는 또 다른 이야기였다. 그의 조명이 흑린각의 밤을 부드럽게 밝힌다.

조명은 내부보다 외부에서 어떻게 보이는지를 기준으로 설정한다. 흑린각의 정면은 외부에서 하나의 풍경이 되도록 연출한다. 전면부 2층 창가에는 작은 펜던트 조명이 어울리고, 그 은은한 빛은 밤이 되면 건물의 상징성을 부각한다. 1층 돌출창에는 직부(줄이나 대에 매달지 않고 천장이나 벽에 직접 설치) 타입의 조명이 적합하고, 돌출난간에는 등기구를 얹어 처마를 부드럽게 밝혀줄 업라이트 조명(빛을 위쪽으로 향하게 한 조명)이 필요하다.

후면부는 넓은 창을 통해 아트 오브제처럼 보이도록 큰 등을 설치할 계획이다. 한지 창 사이에는 등기구를 숨겨 한지의 고운 질감을 살리며, 쉼터에서 바라본 풍경이 마치 한 폭의 그림처럼 완성되도록 한다. 이 조명은 방문객들에게 "인스타샷"으로 남을 특별한 장면을 선사할 것이다.

내부 조명은 트랙 레일을 활용해 실용성과 유연성을 동시에 추구한다. 평면에서 보았을 때 'ㅁ'자 형태로 배치한 트랙 레일에는 벽면 전시를 비추는 조명을 1m 간격으로 설치한다. 이를 위해 전기 용량도 충분히 확보해야 한다. 상가 건물 특성상 등기구가 많아지면 용량 부족 문제가 발생할 수 있으니 철저한 계획이 필요하다. 외엮기 흙벽을 강조하는 조명은 트랙 조명으로 연출한다.

1층과 2층의 천장은 각각의 특성에 맞춰 조명을 배치한다. 1층은 평평한 천장을 활용해 업앤다운 조명으로 공간의 분위기를 조성하며, 상황에 따라 트랙 레일 조명의 위치를 조정할 수 있도록 했다. 펜던트 형태의 레일은 천장보다 약간 아래에 설

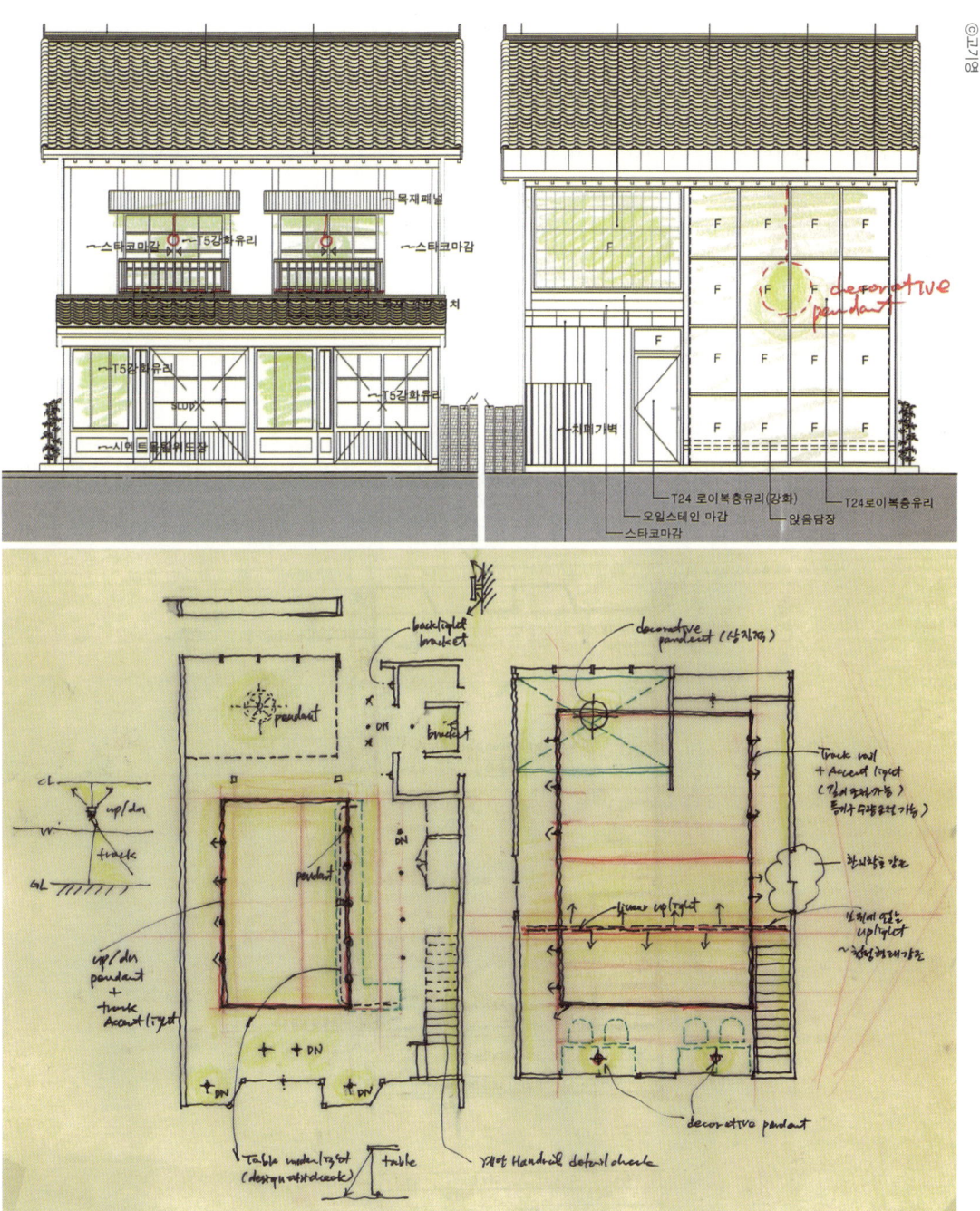

조명 관련 자문 내용

치해 위아래로 빛을 퍼뜨린다. 레일은 장선보다 살짝 아래로 내려와 빛이 부드럽게 확산되도록 한다.

 2층은 보 위에 등기구를 올려 업라이팅으로 천장을 비춘다. 이는 2층 천장의 구조적 아름다움을 돋보이게 하며, 공간에 깊이를 더한다.

 외부 조명은 별도로 설치하지 않는다. 건물 내부에서 흘러나오는 조명으로 충분히 외부를 밝히도록 한다. 전면부는 가로등과 주변 상가의 불빛이, 배면은 쉼터의 조명이 자연스러운 조화를 이룬다. 추가적인 외부 조명이 없어도 공간의 분위기가 충분히 살 것이다.

 마지막으로, 목포 번화로를 밝혔던 영란등鈴蘭燈에 대한 제안이다. 1920년대 말, 일제강점기 시절 목포에 거주하던 일본인들의 생활 편의를 위해 설치된 영란등은 목포 근대 역사의 상징적 존재였다. 은방울꽃 모양의 철제 기둥과 유리 램프 커버로 이루어진 이 고풍스러운 가로등은 그 자체로 역사를 담고 있다. 목포 근대역사문화공간을 살리기 위해 번화로의 가로등이 1930년대 사진 속 영란등으로 교체되기를 바란다. 이는 목포가 품고 있는 시간의 이야기를 더욱 생생히 전달할 방안이 될 것이다.

시간을 담은 색채

건물의 역사적 이미지를 보존하는 가장 간단하면서도 효과적인 방법은 색채를 재현하는 것이다. 색채는 그 시대의 분위기와 스타일을 고스란히 담고 있으며, 이를 되살리는 일은 곧 건물의 역사적 가치를 보존하는 일이다. 외관과 내부에 깃든 색들은 건물이 품고 있는 시간과 이야기를 전달한다. 벽체, 천장, 바닥, 창호에 적용된 색채를 통해 건물의 원래 모습을 되살리며, 흑린각의 본연의 매력을 드러낼 수 있다.

색은 개인의 취향이 크게 작용하며 언어로 설명하기 어려운 부분도 많다. 하지만 색은 건물의 전체적 이미지를 완성하는 요소다. 이번에 색상을 정할 때 가장 중점을 둔 것은 전체적인 통일성과 일식 건물의 고유한 이미지를 살리는 것이었다. 건물의 분위기를 이끄는 주요 색상으로는 흰색, 회색, 갈색을 선택했다. 지붕은 회색, 외벽은 흰색, 목재는 갈색, 내벽은 흙색, 바닥은 회색으로 정했다. 설비시설은 검은색, 선홈통(처마나 지붕에서 내려오는 강수를 지상으로 유도하는 관의 일종)은 회색으로 하여 눈에 띄지 않게 설정했다. 이 모든 색을 정리하고 나니, 흑린각의 모습이 머릿속에 선명히 그려졌다.

외관 색상은 비교적 간단했다. 지붕과 외벽의 색을 정하는 일은 주어진 자료와 주변 건물의 사례를 참고하면 된다. 외벽은 재료가 단순하고 연구 자료도 풍부해 흰색으로 결정했다. 일식 기와는 생산되는 색이 회색으로 정해져 있어 선택의 여지가 없었고, 징크 패널 역시 기와의 색에 맞춰 회색으로 선정했다. 홈통(빗물 등이 흐르거나 내려가도록 만든 장치)의 색상은 건물 외벽과 조화를 이루도록 설정해 전체적인 통일감을 유지했다. 갈색 외벽이라면 홈통도 유사한 갈색으로 맞춰 시각적 일체감을 주고, 눈에 띄지 않으면서도 건물의 외관이 정돈된 느낌을 줄 수 있도록 했다.

흑린각 내·외부 도장에 적용할 색채

내부 색상은 외관보다 고민이 더 필요했다. 1층과 2층의 내벽은 처음에는 흰색 수성 페인트로 칠하려고 했다. 그러나 목재에 칠할 오일스테인의 색을 정하면서 내벽 색상에 대한 고민이 깊어졌다. 목재에 갈색 오일스테인을 칠한 후 흰색 내벽은 차갑고 딱딱해 보일 수 있다는 우려가 들었다. 반면, 황토색 내벽은 목재의 따뜻한 갈색과 자연스럽게 어우러져 전통적인 이미지를 더욱 돋보이게 할 것 같았다.

결국 화장실 외벽에 사용된 합판색과 목재 위 오일스테인의 색감을 자연스럽게 연결하기 위해 노란빛이 감도는 흙색 계열로 내벽 색상을 결정했다. 이 색상은 차가운 흰색 대신 따뜻한 흙벽의 이미지를 연상시켰다. 화장실 외벽에 사용된 합판은 본래의 색감을 살리기 위해 투명 래커로 마감했다.

흑린각의 색채는 과거의 기억을 시각적으로 전달하며, 그 속에 담긴 이야기를 한 층 깊고 풍부하게 만든다. 이를 통해 흑린각은 시간이 깃든 공간으로 거듭날 것이다.

7
보이지 않는 디자인

설비는 안 보이게

설비시설의 위치를 정하는 일은 건물의 미관과 기능성을 결정 짓는 작업이다. 에어컨은 2층 천장과 1층 계단 하부에 설치하기로 했다. 이는 에어컨이 시야에 드러나지 않도록 해 공간의 단정함을 유지하기 위함이다. 시각적 요소는 공간의 분위기를 좌우한다. 노출된 에어컨은 실용적이더라도 어수선함을 주기에, 이를 감추는 설계가 필요했다.

순간온수기(유입된 냉수를 순간적으로 가열하여 보관없이 온수를 바로 공급하는 온수기)는 세면대 하부에 설치해 눈에 띄지 않도록 한다. 이 작은 디테일이 공간의 정돈된 인상을 좌우한다. 에어컨 실외기는 외부에 배치하지만, 그 투박한 모습을 차폐하기 위해 가림막이나 덮개를 설치한다. 실외기의 크기와 모양은 주변 공간의 미적 균형을 해칠 수 있기에, 가리는 작업은 필수적이다. 가림막은 건물의 미적 가치를 보호하고 주변 경관과 조화를 이루는 역할을 한다.

또한, 설비시설은 인접 부지를 침범하지 않도록 주의해야 한다. 배수관은 건물 내부에서 외부로 자연스럽게 연결되도록 설계해 물이 원활히 배출되도록 한다. 이러한 세심한 계획은 설비시설이 공간의 기능성을 높이면서도 시각적 아름다움을 유지하도록 돕는다.

흑린각은 과거와 현재가 공존하는 공간이다. 그 안에서 설비시설은 눈에 보이지 않지만, 공간의 질서를 유지하고 조화로운 분위기를 만드는 데 중요한 역할을 한다. 이 작은 세심함들이 모여, 흑린각은 더 완벽한 공간으로 완성될 것이다.

맨홀은 바닥처럼

정화조는 땅에 묻히지만, 그 위치와 뚜껑, 환기구의 배치가 건물의 전체적 미관에 영향을 미친다. 그러니 정화조 뚜껑은 콘크리트 포장과 동일한 마감으로 처리해 눈에 띄지 않도록 해야 한다. 이렇게 하면 정화조의 존재는 감춰지고, 외관은 깔끔하고 정돈된 인상을 준다. 기능적 요소를 숨기는 작업이 아니라, 건물과 주변 경관의 조화를 이루기 위한 세심한 배려다.

환기구는 건물의 측면에 최대한 가까이 설치해 시각적으로 노출되지 않게 한다. 환기구가 건물 전면에 드러나면 공간의 아름다움을 해칠 수 있기에, 건물의 후면이나 사람이 드나드는 주요 입구에서 보이지 않는 위치에 배치해야 한다. 작은 디테일이지만, 공간의 전체적 완성도를 결정짓는 중요한 요소다.

정화조의 용량은 충분히 큰 것을 선택해야 한다. 특히, 제과점이나 커피숍 같은 상업시설을 운영할 경우 폐수 발생량이 많아 최소 25인용 이상의 용량을 갖춘 정화조가 필요하다. 5톤(25인용) 단독 정화조는 이러한 요구를 충족시키기에 적합하다. 상업시설에서는 하루 처리해야 할 폐수량이 많아, 용량이 부족하면 빈번한 청소와 유지 보수가 필요해질 것이다. 충분한 용량의 정화조는 효율적인 폐수 처리뿐 아니라, 유지 관리의 번거로움을 줄이고 시설의 원활한 운영을 보장한다.

설계 단계에서 정화조의 위치와 용량을 신중히 고려하는 일은 건물의 기능성과 미관을 동시에 살리는 작업이다. 흑린각은 이러한 세심한 계획을 통해, 보이지 않는 곳에서도 완성도를 높이며 조화로운 공간으로 완성될 것이다.

홈통은 기둥처럼

홈통은 건물 외관과의 조화와 기능성을 동시에 고려해야 하는 요소다. 잘못된 선택은 건물의 미관을 해치고, 유지 관리에 불필요한 부담을 줄 수 있다. 함석으로 홈통을 제작할 경우 시간이 지나면서 부식이 발생할 가능성이 크다. 부식은 홈통의 기능을 저하시켜 결국 물이 제대로 흐르지 않게 만들고, 건물에 손상을 초래할 수 있다. 이를 방지하기 위해, 내구성이 뛰어나고 부식에 강한 징크(Zinc, 아연에 티타늄이나 구리를 합금한 금속)를 선택했다. 징크는 장기간 부식되지 않으며, 견고함을 유지해 유지보수의 부담을 크게 줄여준다. 함석보다 긴 수명을 자랑하는 징크 홈통은 비와 눈에 지속적으로 노출되는 외부 환경에서도 뛰어난 성능을 발휘한다.

홈통 설치 방식 또한 신중하게 결정해야 한다. 선홈통은 목재 기둥부와 자연스럽게 연결되도록 고정해야 한다. 이는 홈통이 건물 외관과 하나로 어우러지며, 깔끔하고 정돈된 느낌을 주기 위함이다. 홈통은 건물의 전체적인 디자인을 완성하는 중요한 디테일이다.

설치 시 홈통의 위치와 각도, 연결 방식도 세심하게 설계해야 한다. 물이 원활하게 흐를 수 있도록 경사를 조정하고, 연결부는 물이 새지 않도록 정확히 맞춰야 한다. 이러한 디테일이 모여 홈통은 흑린각의 외관과 기능을 동시에 완성하는 중요한 요소로 자리 잡는다.

징크 홈통은 건물의 내구성과 미관을 지키는 숨은 주역이 될 것이다. 세월이 흘러도 변함없는 견고함과 조화로운 디자인이야말로 흑린각의 품격을 한층 더 높여줄 것이다.

바닥은 동일하게

건물 후면의 데크 포장은 전면과 바닥과의 시각적 일체감을 이루는 동시에, 유지보수를 간소화하기 위해 고민했다. 목재, 석재, 벽돌, 자갈 등 다양한 재질이 후보로 떠올랐지만, 최종적으로 내부와 외부를 모두 같은 재질인 콘크리트로 통일하기로 했다. 콘크리트는 차분하고 정돈된 느낌을 주는 동시에, 유지 관리가 용이한 실용적인 선택이었다.

데크 경계부는 쉼터와 공간을 분리하면서도 사용자의 편의를 고려해 설계했다. 잠시 걸터앉을 수 있는 낮은 담장이나 통벤치를 설치하기로 한 것은 휴식의 기능을 더하기 위함이었다. 경계가 없는 공간은 보안에 취약할 수 있다는 우려도 있었으나, 최종적으로는 담장 대신 재료 분리를 통해 경계를 표현하기로 했다. 깔끔한 마감은 시각적 만족감을 더하며, 공간을 더욱 세련되게 연출했다.

콘크리트로 통일된 데크는 건물과 쉼터를 자연스럽게 연결하며, 공간의 흐름을 유연하게 만든다. 이 통일성은 건물 전체의 시각적 완성도를 높이는 동시에, 유지보수와 사용자 편의성을 모두 충족시켰다. 흑린각은 이처럼 섬세한 조화를 통해, 과거와 현재가 공존하는 공간으로 거듭나고 있다.

계단은 안전하게

계단과 난간은 사용자의 안전을 최우선으로 고려해야 할 요소다. 흑린각의 2층으로 오르는 계단은 건물 정면 우측에 배치되었으며, 2층 공간을 최대한 확보하기 위해 한 번 꺾는 방식으로 설계했다. 계단의 각도는 공간 활용과 안전성 사이에서 적절한 균형을 이루어야 했다. 각도가 너무 가파르면 계단이 아닌 사다리처럼 위험해질 수 있기에, 계단 하부 공간을 최대한 활용하면서도 안정적인 경사를 유지할 수 있도록 조정했다.

일식 가옥의 전형적인 계단은 폭이 좁고 경사가 급한 특징을 지니지만, 흑린각의 경우 2층을 상업 공간으로 활용할 예정이므로 계단을 오르내리는 고객의 안전을 보장해야 했다. 이를 위해 계단의 크기를 폭 30cm, 높이 15cm로 설계했다. 이 비율은 사용자가 발을 내디딜 때 안정감과 편안함을 느낄 수 있도록 계산된 것이다.

2층 바닥의 경계에는 난간을 설치해 안전성을 더욱 강화했다. 난간은 개방감을 유지하면서도 건물의 전체 디자인과 자연스럽게 어우러지도록 선택했다. 안전 규정을 준수한 난간의 높이와 간격은, 시각적으로도 깔끔한 동시에 사용자의 안전을 세심하게 배려한 결과물이었다.

흑린각의 계단과 난간은 공간의 흐름과 디자인적 조화 속에서 사용자를 배려한 섬세한 디테일을 보여준다. 이 작은 요소들이 모여, 흑린각은 편안하고 안전한 공간으로 완성되어 간다.

설비시설이 눈에 띄지 않도록 시공된 흑린각의 내부

8
설계사의 말, 공간의 논리

인터뷰

흑린각 설계를 맡은 이형호 건축사와의 대화에서 그의 소회를 들을 수 있었다. 그는 흑린각 설계의 목적을 구 갑자옥 모자점의 잃어버린 원형을 찾는 것, 옛 건물의 모습을 복원하며 현대적 감각을 더하는 것, 그리고 목포 근대역사문화공간의 마중물 역할을 하는 것이라고 밝혔다.

흑린각은 목포 근대역사문화공간 내에서, 문화재로 지정되지 않았음에도 불구하고 역사적 고증과 옛 사진을 바탕으로 복원된 최초의 사례로 볼 수 있다. 보통 소규모 건축물이나 평범한 상가를 리모델링할 때, 그 역사적 가치를 깊이 고려하지 않고 현황에 맞춰 보수하는 경우가 많다. 특히, 호남은행이나 영사관 같은 대형 역사적 건물에 비해 상대적으로 주목받지 못하는 경우가 다반사다. 하지만 건물에는 개인의 역사가 담겨 있다. 그럼에도 불구하고, 이러한 개인적 역사는 쉽게 간과되곤 한다. 흑린각은 남아 있는 사진과 자료를 바탕으로 '나가야' 구조를 복원해 낸 건축물로, 이러한 맥락에서 그 가치는 더욱 빛난다.

흑린각 복원의 과정에서 남아 있는 사진과 철거 후의 세밀한 해석이 중요한 역할을 했다. 오래된 시간의 흔적을 현재로 끌어온 입면은 목포 번화로 상가의 대표적 표본이라 할 수 있다. 흑린각의 복원은 하나의 건축물에 국한되지 않는다. 이를 통해 구 갑자옥 모자점 역시 1920년대의 원형으로 복원될 필요성을 제기한다. 현재 구 갑자옥 모자점은 1966년에 개축된 모습으로 남아 있으나, 진정한 원형은 화재가 일어났던 1965년 이전의 모습이다. 비록 현재 흑린각과 구 갑자옥 모자점은 분리되어 있지만, 원래 하나의 건물이었다는 사실을 고려할 때, 이를 하나의 건물로 복원하는 것이 역사적 진정성을 회복하는 길이라 할 수 있다.

흑린각 리모델링에 참여한 이들은 모두 한마음으로 작업에 임했다. 건축주는 설계뿐 아니라 조명설계까지도 조언을 구해 세심히 진행했는데, 이는 개인 공사였기에 가능했다. 만약 이러한 섬세함이 없었다면, 시공 과정에서 수많은 혼란과 문제에 직면했을 것이다.

이런 과정을 통해 결과물을 만들어가는 것은 흔치 않은 경험이다. 무엇보다도 건축수와의 원활한 소통이 있었기에 가능한 일이었다.

III

흑린각, 어떻게 다시 지어졌는가

1
준비:
리모델링의 시작

계약은
복원의 신호탄

"시공은 4월 말쯤 시작할 수 있습니다."

시공사 대표의 말이었다. 예정된 현장 소장이 다른 공사를 마무리해야 했기에, 우리는 기다릴 수밖에 없었다. 설계가 끝난 뒤 한 달 남짓의 시간이 흘렀다. 흑린각의 리모델링은 일반적인 건축 시공과 다르다. 섬세한 인테리어 감각이 필요했다. 즉, 건축 시공과 인테리어 모두에 경험이 있는 전문가가 필요했다.

시공에 앞서 내역 작업이 이루어졌다. 내역 작업은 공사에 필요한 모든 자재와 작업 내용을 세밀하게 정리하는 과정이다. 이 작업은 건축 공사, 전기 공사, 설비 공사로 나뉘며, 각각 세부 항목들이 빼곡히 기록된다. 건축 공사는 가설 공사, 해체 공사, 철근콘크리트 공사에서 시작해 지붕 공사, 벽체 공사, 창호 공사 등으로 이어졌다. 전기 공사는 전열설비, 통신설비, 조명기구 설치 등을 포함하고, 설비 공사는 오·배수 배관, 정화조 설치, 환기설비와 위생기구 공사 등을 아우른다. 내역 작업은 계약의 기초가 되는 만큼, 모든 공정이 치밀하게 계획되어야 했다.

처음 내역서를 받았을 때 그 방대한 내용에 압도되었다. 익숙하지 않은 항목들이 많아 건축 시공에 정통한 전문가들의 도움을 받아야 했다. 그럼에도 목공사와 관련해서는 제대로 검토하지 못한 부분도 있었고, 결국 시공사의 전문성을 믿고 맡길 수밖에 없었다. 이 과정에서 신뢰할 수 있는 시공사를 선택하는 일이 얼마나 중요한지 다시금 깨달았다.

내역서를 바탕으로 공사 계약이 체결되었다. 계약서에는 공사비 지급 조건, 지체 상금, 하자 보수 기간 등이 명시되었다. 계약은 4월 말에 체결되었고, 시공사는 공사 기간을 약 2.5개월로 예상했다. 나 역시 여유 있게 3개월이면 충분할 것이라 생각하며 5월 1일부터 7월 31일까지를 계약 기간으로 잡았다. 그러나 시작부터 삐걱거렸다. 지붕과 건물 측면의 석면 슬레이트 철거가 늦어지면서 공사는 기약 없이 지연되었다. 결국 공사는 계약 기간을 넘어 4개월을 꼬박 채우고서야 마무리될 수 있었다.

8월 31일에는 흑린각에서 행사가 예정되어 있어, 그 전에 공사를 끝내야만 했다. 행사가 아니었다면 공사는 더 늦어졌을지도 모른다. 흑린각의 리모델링은 치밀한 계획에도 불구하고 예기치 못한 난관으로 가득 찬 여정이었다. 하지만 그 모든 어려움은 이 공간을 다시 숨 쉬게 하려는 우리의 의지 앞에 의미 있는 도전으로 남았다.

주민과의 공감부터

공사를 시작하기 전에 인접한 대지의 소유주에게 공사 내용과 기간을 설명해야 한다는 책임감이 느껴졌다. 4개월이라는 시간 동안 이어질 공사가 그들의 일상과 생업에 얼마나 큰 영향을 미칠지 생각하면, 이 과정은 피할 수 없는 일이었다. 목포시가 구 갑자옥 모자점 건물을 리모델링할 때, 바로 인접한 우리에게 아무런 설명도 없이 공사를 강행했던 기억이 떠올랐다. 그들은 측벽에 파이프를 박고 지붕에 발판을 놓아 우리 건물을 훼손하면서도 단 한 번의 협의나 설명이 없었다. 적어도 그들과는 다르고 싶었다.

흑린각은 전면이 도로와 접하고, 우측과 배면은 목포시 소유 부지였다. 다행히 사유지는 좌측의 '명신당'이 유일했다. 이는 공사 과정에서 상당히 유리한 조건이었다. 특히 흑린각이 합벽 건물이 아닌 것은 큰 축복이었다. 만약 이 건물이 100년 된 목조 합벽구조였다면, 공사를 하는 사람도, 그곳에서 생활하는 사람도 스트레스를 감당하기 어려웠을 것이다.

흑린각과 명신당 사이에는 언제부터 존재했는지 알 수 없는 골목이 있었다. 수십 년간 공유해 온 이 골목은 최근 몇 년 동안 명신당 소유주가 주로 사용하고 있었다. 이후에는 공사로 인해 벽면이 해체되고 대문이 철거되며, 골목에는 비계(높은 곳에서 공사할 수 있도록 임시로 설치한 가설물)가 설치될 예정이었다. 이는 소유주에게 불편을 줄 수밖에 없는 일이었다. 출입문이 제거되면 공간이 노출되어 그들의 생활에 직접적인 영향을 미치게 될 터였다. 공사 기간 동안 발생할 수 있는 피해를 미리 설명하고 양해를 구하는 것은 필수였다.

명신당 소유주는 건물의 앞쪽은 상업 공간으로, 뒤쪽은 주거 공간으로 사용하고 있었다. 공사가 진행되면 주간은 물론 야간에도 소음과 먼지가 끊이지 않을 터였다. 게다가 그곳은 금은보석과 예술 작품을 판매하는 상점이었다. 만에 하나 도난이나 사고가 발생하면 어쩌나 하는 불안감이 컸다. 이 불안은 공사가 끝날 때까지도 나를 따라다녔다. 목포에 내려갈 때마다 명신당 소유주에게 인사를 하러 찾아가긴 했지만, 그와 개인적인 친분이 없었기에 조심스러웠다. 다행히 동네에서 '목포만호문화통장'으로 활동하는 사람의 도움을 받아 공사와 관련된 내용은 부드럽게 전달할 수 있었다.

흑린각은 세월의 무게를 견디며 명신당 쪽으로 약 10도 정도 기울어져 있었다. 오래된 건물이니 그럴 법도 하다 싶었지만, 명신당 소유주가 목포시에 민원을 넣었다는 이야기를 들었을 때, 무거운 마음을 숨길 수 없었다. 비록 건물이 현재 상태에서 안정화를 이루었다고는 하나, 태풍 같은 외부 충격이 닥친다면 그 기울어짐이 재앙으로 바뀔 수도 있었다. 명신당 소유주는 긴 세월 동안 이 어두운 골목을 지켜왔기에, 하루빨리 주변 환경이 개선되길 누구보다도 간절히 바랐다. 그래서 흑린각 공사를 적극 지지해 주었지만, 공사 기간에도 영업을 이어가야 했기에 몇 가지 주의를 당부했다.

그래서 현장에서 매일 아침, 그날 진행될 공사 내용을 소상히 설명해 주기로 했다. 먼지나 소음이 발생할 수밖에 없는 작업은 최대한 짧은 시간 안에 끝내겠다고 약속했다. 명신당 소유주는 이전에도 리모델링 공사로 인해 소음과 진동, 벽체의 휘어짐 등으로 고통을 겪은 적이 있었다. 그 기억 때문인지, 소유주는 우리에게도 조심스럽게 그때의 고충을 털어놓았다. 흑린각의 공사 소음이 그들의 하루에 또 다른 불편함을 더하지 않기를 바라는 마음에서였다.

공사 가림막과 가설 펜스 설치 모습

공사 전, 건물 주변으로 가설 펜스를 설치했다. 비산 먼지와 낙하물로 인한 사고를 방지하고, 번화로를 지나는 보행자들의 안전을 확보하기 위해서였다. 펜스는 낡고 오래된 건물의 공사 현장을 감추는 역할도 했다. 예전에 파리나 밀라노, 이스탄불 같은 도시에서 본 웅장한 공사 가림막을 떠올리며 나도 언젠가 저렇게 세련된 가림막을 설치해야겠다고 다짐한 바 있다. 하지만 이번에는 그러지 못했다. 설계도나 계약서에 이런 조건을 명시하지 않았던 터라, 다른 공사 현장에서 사용하던 가림막을 그대로 재활용하게 되었다. 공사 기간이 3개월 정도였고, 가림막이 필요한 기간은 2개월도 채 되지 않았지만, 조금 더 신경 써야 했다는 아쉬움은 여전히 남는다.

흑린각 리모델링은 단지 건물만을 고치는 일이 아니었다. 이 과정에서 주변 사람들에게 미치는 영향을 최소화하려면 얼마나 많은 세심한 배려와 준비가 필요한지 절감했다. 건물 하나가 살아 숨 쉬는 공간으로 거듭나기 위해서는 주변과의 조화를 이루는 노력이 필수적이었다. 이는 앞으로도 결코 잊지 말아야 할 중요한 교훈으로 내 마음속에 남아 있을 것이다.

2
해체:
철거는 끝이 아닌 시작

**집이 다
없어졌어요**

리모델링 공사의 시작은 해체였다. 건물의 생명을 지탱하는 마지막 껍질을 벗겨내는 일이니, 그 과정은 마치 오래된 나무가 겹겹의 나이테를 드러내는 순간처럼 신중하고 엄숙했다. 해체는 위에서 아래로, 밖에서 안으로 진행된다. 그래서 흑린각의 첫 손길은 지붕에서부터 시작되었다. 오래된 지붕은 함석으로 덧댄 흔적이 있었고, 그 아래에는 석면 슬레이트가 자리 잡고 있었다. 어쩌면 비가 새던 어느 날, 슬레이트 위에 함석을 덧붙여 임시방편으로 막아놓은 것이 아닐까 싶었다. 측벽에도 같은 슬레이트가 덧대어 있었는데, 이는 외엮기 흙벽이 무너지며 생긴 흔적일 것이다.

지붕과 측벽을 감싸고 있던 석면 슬레이트를 걷어내니 비로소 본격적인 해체가 시작되었다. 지붕에만 있던 줄 알았던 석면 슬레이트는 예상보다 넓은 범위를 덮고 있었다. 지붕과 측벽을 모두 벗겨내자, 흑린각의 뼈대가 모습을 드러냈다. 2층은 한때 주거 공간으로 사용되었는데, 석면 슬레이트 한 장으로 비와 바람, 태풍과 햇빛을 막으며 견뎌냈다는 사실이 믿기지 않았다. 2017년, 내가 이 건물을 매입했을 때도 서울반점 2층에는 사람이 살고 있었다. 난방 시설조차 없던 그곳에서 어떻게 겨울을 견뎌냈을까.

해체를 위해 먼저 구조 보강이 필요했다. 흑린각은 가구식 구조로 지어진 건물이라, 벽체가 사라지면 건물의 횡력이 약해진다. 특히 2층부터 해체를 시작하기 때문에, 1층의 구조를 먼저 보강해야 했다. 1층의 벽체를 철거하기 전, 기둥과 기둥 사이에 가새(골조의 변형을 방지하기 위해 대각선 방향으로 넣는 자재)와 버팀대를 설치해 구조를 보강했다. 또한, 기둥에는 2층의 무게를 지탱하기 위해 강관 서포트를 설치했다.

보강 작업이 끝난 후에는 재사용할 목재와 폐기할 목재를 분류했다. 재사용 목재는 구조재와 장식재로 나누어 따로 보관했다. 특히 탄화목을 구조재로 사용할 경우, 안전성을 위해 더욱 신중해야 했다. 해체 전에 탄화된 표면을 보호하기 위해 투명 래커를 뿌렸다. 이 과정에서 주변으로 먼지가 날리지 않도록 장막을 치고, 먼지를 깨끗이 털어낸 후 래커를 뿌렸다. 해체한 목재는 하나하나 번호를 매기고, 무명천으로 감싸 따로 보관했다. 이 목재들은 훗날 다시 흑린각의 새로운 구조에 사용될 것이다.

지붕을 떠받치던 서까래와 도리, 동자주(들보 위에 세우는 짧은 기둥)는 모두 폐기하기로 했다. 이 목재들은 과거 화재 이후 새로 덧대어진 것이라 원래의 자재가 아니었

석면 슬레이트를 철거하는 모습

가구식 구조의 구조 보강

다. 구조적 안전성을 확보하기 위해 새 목재로 교체하는 것이 더 적합하다고 판단했다. 다만 탄화된 목재 중에서도 장식재로 활용할 수 있는 것들은 따로 보관했다. 구조재로는 부적합하지만, 계단 난간이나 창문 상단에 덧대어 쓰면 흑린각의 고풍스러운 분위기를 유지하면서도 새 목재와의 이질감을 완화할 수 있기 때문이다.

정면의 최초 건축 영역과 배면의 증축 건축 영역은 서로 밀착되어 있었다. 최초 건축 영역에는 본래의 건물이, 증축 건축 영역에는 계단실과 화장실이 자리하고 있었다. 계단실과 화장실을 먼저 철거하면 건물이 무너질지도 모른다는 우려에 신중을 기했다. 증축 건축 영역을 임시로 보존한 채, 최초 건축 영역을 보강한 후 벽체를 하나씩 철거하기 시작했다. 1층의 기둥은 밑이 썩어 내려앉았지만, 벽체가 기둥을 간신히 지탱하고 있었다. 2층 바닥 목재는 다시 사용할 예정이었기에 손상을 최소화하려고 난방재와 미장을 하나하나 조심스럽게 떼어냈다.

2층 해체가 끝난 후에는 1층 천장을 지탱할 멍에보(바닥의 장선을 받드는 보)를 설치했다. 사실 1층의 기둥 대부분은 사용할 수 없는 상태여서 교체가 불가피했다. 기둥에 강관 서포트를 설치하고, 기둥 사이에 가새와 버팀대를 더해 천장을 띄운 상

2층 해체 공사

1층 해체 공사

태에서 벽체를 철거했다. 벽체를 제거하자 1층 천장은 몇 개의 기둥에 아슬아슬하게 의지하며 간신히 버티고 있었다. 만약 그 순간 폭우라도 쏟아졌다면 천장이 내려앉을지도 모를 일이었다.

"새 목재로 전부 교체하면 편하지 않을까?"라는 의문이 들 수도 있다. 물론 신재로 교체하면 안전하고 공정도 간단했을 것이다. 하지만 그렇게 했다면 100년의 시간이 만들어낸 독특한 질감과 깊이를 잃었을 것이다. 아무리 정교하게 칠하고 복원해도, 세월의 흔적을 몇 가지 색으로 대체할 수는 없다.

그 무렵 흑린각 근처에 살던 지인으로부터 연락이 왔다. "집이 다 없어졌어요."라는 말과 함께 사진이 도착했다. 우리도 매일 현장에서 사진을 받아 보며 이미 놀란 상황이었기에 어느 정도 예상하고 있었지만, 동네 사람들 사이에서도 화제가 된 모양이었다. 당시의 충격을 지금까지도 이야기하는 주민들이 있다. 주민들이 이렇게 많은 관심과 애정을 가지고 지켜보고 있다는 것을 알게 되니, 더욱 잘해야겠다는 책임감이 마음 깊이 새겨졌다.

흑린각의 해체는 시간의 흔적과 기억을 조심스레 꺼내어 다시 이어 붙이는, 하나의 새로운 창조 과정이었다.

3
기초:
보이지 않는 기초

**기둥이
썩지 않으려면**

해체 작업이 마무리되자 본격적인 리모델링 공사가 시작되었다. 그 첫 단계는 바닥 공사였다. 기존의 콘크리트를 깨부수고, 그 아래에 있던 흙을 걷어내는 일이었다. 바닥에 새로 콘크리트를 타설하려면 반드시 거쳐야 하는 과정이었다. 하지만 예상치 못한 문제가 발생했다. 기둥이 세워진 자리에는 기초가 전혀 없었던 것이다. 바닥을 파기 전에는 조적 줄기초(건축물의 벽체나 기둥의 하중을 지지하는 연속한 기초)가 있을 거라 생각했지만, 실제로는 아무것도 없었다. 기둥 밑 부분이 썩어 있던 이유가 분명해졌다. 주변 근대 건축물에서는 흔히 조적 줄기초가 발견되었지만, 흑린각에서는 흔적조차 없었다.

일본식 가옥에서는 보통 기둥 자리에 조적 줄기초를 세우고 그 위에 목재 기둥을 올리곤 했다. 당시에는 콘크리트가 없어 잡석으로 바닥을 다진 뒤 이런 방식으로 건축했기 때문이다. 그러나 흑린각은 지하로 바닷물이 스며드는 구조였고, 지반이 약해 줄기초를 생략한 듯했다. 기초도, 초석도 없는 상태에서 기둥을 세운 탓에 기둥 하부는 시간이 지날수록 부식되었다.

'원형대로' 복원한다는 원칙을 고수하려면 기초와 초석을 하지 않는 것이 맞았을지도 모른다. 하지만 기둥이 다시 부실해질 위험을 감안해 지반 보강을 결정했다.

땅을 파고 무근 콘크리트(철근 등을 강재로 보강하지 않는 콘크리트)를 치고, 그 위에 초석을 놓은 뒤 기둥을 세웠다. 마지막으로 바닥에 무근 콘크리트를 타설해 지반을 안정시키고 기둥 하중을 충분히 지탱할 수 있게 했다.

공사 현장을 둘러보던 어느 날, 땅속의 콘크리트 모양이 눈에 들어왔다. 나도 모르게 "좀 더 예쁘게 할 수 없었나요?"라는 말이 툭 나왔다. 공사 담당자는 "기둥이 너무 많고 현장 여건이 좋지 않아 예쁘게 작업할 여유가 없었습니다"라고 답했다. 땅속에 묻힐 부분이라 보이지 않는다는 점이 그나마 다행이었다.

바닥을 파는 과정에서 흥미로운 발견이 있었다. 오래전 명신당이 이곳에서 영업하던 시기에 귀중품을 보관하기 위해 사용한 것으로 보이는 작은 창고가 드러났다. 창고 안에는 바닷물이 가득 차 있었다. 바닷가 근처라 밀물이 들어왔다가 썰물 때 빠지며 생긴 일이었다. 물을 퍼내고 잡석과 흙으로 되메운 뒤 바닥 높이를 도로보다 높게 설정해 침수에 대비했다. 잡석 위에 방습 비닐을 깔고 단열재를 얹은 후, 콘크리트를 타설했다. 이어 와이어 메시(mesh, 그물망)를 깔고 미장을 마친 뒤 균열 방지를 위해 물을 뿌리고 양생했다. 바닥이 완전히 굳기 전까지는 내부에 들어갈 수 없었기에 이 시점에서는 할 수 있는 일이 많지 않았다. 바닥 공사는 리모델링의 기초를 다지는 중요한 작업이었다. 이 과정을 통해 흑린각은 새로운 시작을 준비하고 있었다.

건물 전면의 도로 경계부터 후면 대지 경계까지 바닥을 콘크리트 폴리싱으로 통일해 마감할 계획이었다. 그렇다면 바닥 공사는 한 번에 끝내야 했다.

돌 하나에도 이유는 있다

실시설계 도면에 상세도가 많을수록 시공은 한결 수월해진다. 그러나 상세도가 부족한 부분에서는 현장에서 여러 가지 상상을 동원해 작업해야 했다. 이는 설계의 문제가 아니라, 철거 후 드러난 현장의 모습이 설계와 다른 경우가 많기 때문이었다. 현장은 늘 예측할 수 없는 변수로 가득 차 있다. 설계도면을 보며 가장 먼저 걱정했던 것은 목재 기둥이 바닥에 바로 닿아 있다는 점이었다. 목재가 물에 닿아 썩지는 않을까 염려되었는데, 실제로 철거를 진행하며 기둥 하부가 부식된 것을 확인할 수 있었다. 게다가 벽체가 사라진 상태에서는 기둥이 더욱 튼튼하게 서 있어야 했다.

일본의 전통 목조 가옥에서는 목재 기둥을 보호하기 위해 초석을 두거나 바닥보다 약간 높게 돌로 줄기초를 쌓는 방식을 사용한다. 이 방법은 목재가 물에 닿는 것을 막아준다. 관련 사진을 시공사에 전달하며 같은 방식으로 보강해줄 것을 요청했다. 이러한 관심과 세심함은 설계사와 시공사를 긴장하게 하고, 결과적으로 더

기초 공사

초석 공사

나은 결과물을 만들어내는 데 기여했다.

초석 설치는 섬세함과 정밀함을 요구하는 작업이다. 초석의 위치를 정확히 잡고, 그 위에 기둥을 세우는 과정은 생각보다 까다로웠다. 초석을 설치할 때는 기둥의 아래쪽보다 위쪽이 수평을 이루도록 끼움쪽(압축부재의 좌굴을 막기 위해 부재의 조립재 사이에 끼워 접합하는 것)을 조정하며 높이를 맞췄다. 이렇게 설치된 초석은 기둥을 안정적으로 지탱해 전체 구조를 더욱 견고하게 만든다.

초석 재료로는 화강석, 그중에서도 황등석을 선택했다. 초석의 아랫부분은 땅에 묻히기 때문에 가공하지 않았지만, 노출되는 윗부분은 도드락 마감(편평한 면을 울퉁불퉁하게 만들어 자연스러운 느낌을 주는 마감 방식)으로 마무리했다. 덕분에 초석의 위아래가 서로 다른 색을 띠며, 내구성을 높이는 동시에 시각적인 아름다움도 더할 수 있었다. 초석 하나하나가 기둥을 단단히 지지하며 흑린각의 새로운 시작을 떠받치고 있었다.

4
목공:
나무로 만든 구조

기초 작업이 마무리되자 본격적인 목공사가 시작되었다. 흑린각은 일본식 목조 가옥답게 기둥, 벽체, 지붕까지 모든 구조에 목재가 사용되었기 때문에 목공사는 리모델링의 핵심이었다. 신재와 구舊새를 소화롭게 활용하는 작업은 일종의 예술이었다. 기둥과 서까래는 육송 각재, 마루는 육송 판재, 보는 개솔송나무(Douglas fir, 북미산 전나무)로 대체했다. 과거에는 지역에서 쉽게 구할 수 있는 목재를 사용했겠지만, 이제는 국산 목재가 귀하고 큰 목재는 구하기가 어려운 것이 현실이다. 선택의 여지가 없는 상황에서 최선의 재료를 찾을 수밖에 없었다.

**기둥을
높인 이유**

원래 흑린각의 1층과 2층 기둥은 같은 높이였다. 그러나 리모델링 과정에서 탄화목의 노출 때문에 2층 천장을 오픈하면 1층이 상대적으로 낮아 보일 우려가 있었다. 상업 공간으로 활용할 때 공간감을 살리기 위해 1층 기둥을 2층 기둥보다 20cm 더 높게 조정했다. 일본식 나가야처럼 낮은 천장이 주는 아늑함도 좋지만, 상업용으로는 답답할 수 있기에 이런 변화를 주었다. 흑린각이 문화재가 아니라는 점도 이런 조정이 가능했던 이유다. 더불어 건물이 좌측으로 기울어 1층 천장 좌우 높이가 10cm 이상 차이 났던 부분도 맞추는 작업이 필요했다.

1층 기존 목재 기둥은 동바리이음을 위해 손상된 하부를 잘라냈다. 동바리이음 방식에는 여러 가지가 있지만, 흑린각의 기둥이 얇아 중앙에 산지(겹친 두 부재나 장부 옆면에 구멍을 뚫어 꽂아 넣는 부재)를 넣고 촉을 박는 '산지촉이음'을 선택했다. 드릴로 구멍을 뚫고 끌로 다듬어 산지를 박은 뒤 썰어내는 방식으로, 기둥을 튼튼히 하기 위한 작업이었다. 최초 건축 영역 가장자리에 위치한 기둥은 원형에 충실하게 1층에서 2층까지 하나의 부재로 연결했다. 기존 부재에 남아 있는 구멍은 과거 결구 자리거나 창문 위치를 잡는 기준이 되었다. 특히 장부홈(반다지: 장부의 촉이 판재의 끝이 아닌 중간 정도만 들어가 결합되는 경우)은 창문 위치를 정확히 설정하는 데 유용했다.

공사가 진행 중이던 어느 날 현장을 찾았다가 큰 문제를 발견했다. 도로에서 정면을 보니 창문 위치가 잘못된 것을 알아차렸다. 1930년대 사진을 바탕으로 창문 위치를 복원하도록 설계했지만, 현장에서는 해체 당시 위치를 기준으로 설치했던 것이다. 배면의 1m 모듈을 강조하기 위해 설치했던 외벽 기둥 하나가 빠진 것도 이때 확인했다. 원형 복원은 입면 형태를 살리는 것뿐 아니라 모듈을 표현하는 작업도 중요하다. 이를 통해 '경험'이 때론 무서운 함정이 될 수 있음을 깨달았다.

1930년대 사진에서 1층 정면부가 돌출되어 있었음을 확인하고, 사전 철거로 그 위치를 파악해 돌출부 처마와 보를 복원했다. 1층 정면부의 기존 부재는 철거 당시 그대로 사용하기 위해 깨끗이 닦아 그 자리에 다시 설치했다. 설계에는 없었지만, 7m 길이의 돌출 처마를 지탱하기 위해 내부 중앙에 새로운 기둥을 추가했다. 이는 구조적 안정성을 확보하기 위한 불가피한 선택이었다.

흑린각의 리모델링은 과거와 현재가 공존하는 공간을 만들기 위한 세심한 과정이었다. 하나하나의 목재에 얽힌 이야기가 흑린각을 더욱 의미 있는 공간으로 만들어가고 있었다.

1층의 목공사와 기둥 공사

2층의 목공사와 기둥 공사

지붕 가구는
옛날 방식대로

지붕 가구란 보 위에 도리를 올리고, 그 위에 서까래를 얹는 구조를 말한다. 흑린각의 지붕도 이 전통 방식을 충실히 따랐다. 먼저 기둥을 세우고, 기둥과 보를 연결했다. 예전에는 긴 목재를 구하기 어려워 보를 중간에서 이어 썼는데, 리모델링에서도 이 방식을 그대로 적용했다. 베개보와 평보(지붕틀의 가장 아래에 있는 보)는 화재로 인해 겉만 그을리고 속은 멀쩡했기에 원래 자리에 그대로 두었다. 새로 교체된 보는 원래의 구불구불한 모양과 비슷하게 깎아내어 원래의 느낌을 최대한 살렸다. 이 작업은 정해진 규칙 없이 목수의 감각에 전적으로 의존해야 했다. 이러한 과정은 한국인의 전통적 미의식을 고스란히 드러내는 순간이었다.

최초 건축 영역의 도리는 원래 사용되었던 '엇걸이산지이음(하나의 재를 다른 재와 빗나가게 내리 맞추어 잇는 방법. 대개 옆에서 산지못을 박는다)' 방식으로 연결했다. 중간 증축 영역의 도리는 최초 건축 영역과 자연스럽게 이어질 수 있도록 비슷한 이음 방식을 사용했다. 대보 위에 중보를 받치는 짧은 기둥인 동자주는 해체 당시와 동일하게 턱맞춤(목공에서 직교재의 모서리를 맞추는 방법) 방식을 적용하며 하나하나 치목(治木, 재목을 다듬고 손질함)했다. 일반적인 목구조에서는 턱맞춤 대신 철물을 사용하는 경우가 많지만, 흑린각의 원형 복원을 위해 옛 방식을 고수했다.

목공사에서 가장 큰 걱정은 '비'였다. 목재가 젖으면 사용할 수 없기 때문에 작업 중간에 비가 올까 노심초사했다. 실제로 비 예보로 인해 작업이 중단된 날도 있었다. 다행히 큰비는 내리지 않아 공사 일정에 차질을 빚지 않았다. 목공사뿐만 아니라 전체 공사가 진행된 4개월 동안 거의 비가 오지 않은 것은 천운이었다. 기둥, 보, 도리, 동자주, 서까래 등을 설치하는 과정에서 만약 폭우가 쏟아졌다면 목재의 질을 보장할 수 없었을 것이다. 이처럼 날씨도 흑린각 리모델링의 든든한 조력자가 되어주었다.

목공사(지붕)

중간 증축 영역에서는 촉을 파서 각연을 걸고 그 위에 개판을 덮었다. 이때부터 공사 현장은 비 예보에도 한결 안심할 수 있었다. 개판이 빗물을 막아주었기에, 건물 내부로 비가 스며들 걱정은 덜었다. 지붕을 더 견고하게 만들기 위해 개판 위에 합판을 한 장 더 깔았다. 그 위로 덧서까래를 설치하고, 단열재를 채워 넣어 단골막이를 했다. 단골막이는 서까래와 서까래 사이에 단열재를 끼운 뒤, 다시 합판을 덮고 방수 시트를 씌우는 작업이다. 방수 시트는 롤마다 약간씩 색차가 있었지만, 추위와 더위, 눈과 비에 대한 걱정은 이 단계에서 크게 해소되었다.

문제는 단열이었다. 목재 창호의 유리가 얇아 단열 성능이 떨어지는 탓에, 목재 창호를 제외한 부분에서 철저한 단열이 필요했다. 주변의 근대건축물들이 출입문과 창호를 원형 그대로 복원하지 못한 이유도 단열 문제 때문이었다. 우리 역시 단열, 미관, 보안 사이에서 끝없는 고민을 했다. 결국 미관을 선택했다. 원형 복원을 고집하면서 많은 것을 포기해야 했다. 출입구를 건물 뒤쪽에 둔 것도 결국 원형 복원을 위한 결정이었다. 원래 모습의 아름다움을 지키기 위해 단열과 편리함을 희생했던 선택, 그 무게가 결코 가볍지 않았다.

구조목으로 틀을 짜다

기둥이 세워지면 기둥과 기둥 사이에 구조목을 세워 벽체의 틀을 잡는 작업이 시작된다. 흑린각의 원래 벽체는 외엮기 흙벽이었다. 하지만 습기와 단열 문제로 인해 목조 벽체로 대체하기로 결정했다. 벽체 작업 중에는 창호, 전기 분전함, 환풍기 등의 위치를 정하는 섬세한 작업도 함께 이루어진다.

목조 벽체는 각재 사이에 단열재를 빈틈없이 채워 넣는 것이 관건이다. 보이지 않는 부분일수록 더 세심하게 신경을 써야 했다. 미장을 하면 벽체가 지나치게 두

목공사(벽체)

꺼워질 수 있으므로 외부에는 시멘트 단열보드를 사용하기로 했다. 단열재 역할을 하는 이 보드는 시멘트 성분이라 미장을 바로 할 수 있으며, 얇은 두께 덕분에 벽체 전체의 두께도 줄일 수 있다. 만약 다른 재료를 사용했다면 벽체가 두꺼워지고 입체감이 사라져 흑린각의 섬세한 미적 감각을 해칠 뻔했다. 시멘트 단열보드는 단열성과 심미성을 모두 만족시킨 효율적인 선택이었다.

외엮기 흙벽의 복원은 특히나 까다로웠다. 인방(기둥과 기둥 사이에, 문이나 창을 사이로 아래위로 가로지른 나무)을 걸고 중깃(벽 사이에 욋가지를 대고 엮기 위하여 듬성듬성 세우는 가는 기둥)을 세운 후, 대나무 외를 엮어 초벽과 황토를 반죽해 안쪽에서 초벽을, 바깥쪽에서 맞벽을 쳤다. 그 위에 미장을 하고 흙이 완전히 굳은 후 대나무살이 드러나도록 일일이 긁어냈다. 작업이 끝난 후에는 마치 원래부터 있었던 외엮기 흙벽처럼 자연스러웠다. 목포 근대건축을 연구해 오던 교수조차 복원된 벽체를 보고 본래의 흙벽으로 착각했을 정도였다.

외엮기 흙벽을 만드는 기술은 이제 거의 전승되지 않았다. 과거에는 동네에서 직접 이런 벽을 시공하곤 했지만, 지금은 그 기술자를 찾기조차 어려운 실정이다. 일본 가나자와 시에는 전통건축 기술을 계승하는 장인대학이 있어 전통이 이어지고 있지만, 우리나라에서는 초가 이엉(짚이나 갈대 등, 마른 풀이나 가지를 엮어 만든 지붕 자재)을 제대로 할 줄 아는 사람조차 드물다. 외엮기 흙벽 기술을 복원할 수 있었던 것은 아마도 마지막 기회였을지 모른다.

5
지붕:
기와냐, 징크냐

**일식 기와의
선택과 후회**

목포 근대역사문화공간의 근대건축물을 바라볼 때마다, 이상하게 지붕만큼은 꼭 일식 기와로 덮고 싶었다. 일식 기와는 규격이 일정해 시공이 편리하고 안정적이다. 그러나 일본에서 직접 수입하려면 공사가 12월까지 지연될 수밖에 없었고, 결국 국내산 일식 기와를 선택할 수밖에 없었다. 검색 끝에 찾아낸 'ㅇㅇ 기와'는 기대감을 안겨주었지만, 그

일식 기와를 사용한 지붕 공사

기쁨은 오래가지 않았다. 품질이 고르지 않아 하나하나 맞추기가 너무 힘들었다.

　최초 건축 영역의 지붕은 건식 기와 시공 방식을 택해 기와 가락 위에 기와를 얹는 방식으로 진행했다. 그러나 기와가 맞지 않아 결국 세 번이나 재시공을 해야 했다. 빈틈으로 물이 스며들 염려가 있어 습식 방식을 약간 섞어서 마무리했다. 비용은 당연히 불어났지만, 완성된 지붕을 바라볼 때마다 그 선택이 옳았다는 생각이 들고, "잘했다!"하며 스스로를 칭찬하게 된다.

　인근의 구 야마하 선외기 건물도 흑린각과 비슷한 시기에 철거되었다. 그 건물은 일식 기와 지붕이었는데, 기와 절반 정도는 쓸 만했다. 하지만 목포시는 모든 기와를 철거하고 컬러강판으로 덮어버렸다. 만약 그 기와를 흑린각에 사용했다면 얼마나 좋았을까, 하는 아쉬움이 여전히 남는다.

　시공 상황은 매일 매일 일지와 사진으로 받아보았다. 기와 작업이 진행될 때 확인한 사진 속에는 기와와 기와 사이가 들뜨고 줄이 맞지 않는 모습이 보였다. 생산업체조차 기와의 변형을 인정할 정도였다. 결국 두 번이나 기와를 뜯어내고 세 번째 시도에서야 간신히 마무리했다. 시공사 대표는 "고생은 했지만, 덕분에 노하우가 쌓였습니다."라며 웃었지만, 그 과정이 얼마나 힘들었을지 짐작할 수 있었다. 실패를 통해 배운다는 말이 새삼 와닿는 순간이었다. 이후 비가 올 때마다 지붕에 문제가 없는지 확인해야 했다. 앞으로 누군가 근대건축 리모델링을 하며 일식 기와를 선택해야 한다면, 일본산을 추천하고 싶다는 생각이 들었다.

　또한, 2층 측면 창호에는 처마가 없어 비가 들이칠까 걱정되었다. 준공 이후 폭우가 내렸을 때 창문으로 비가 스며들었다. 빗물이 창틀 하단을 타고 들어와 안으로 넘친 것이다. 이후 창틀 하단에 빗물 배출을 위한 홈을 내면서 문제가 해결되었지만, 처음부터 처마를 설치해야 했다는 아쉬움이 남는다. 지붕 처마가 튀어나와 있으니 괜찮을 것이라는 설계 당시의 안일한 판단이 결국 작은 문제가 되었다.

징크의 방향은 어떻게 할까

지붕 공사는 기와 작업에 앞서 징크 패널 설치부터 시작되었다. 중간 증축 영역은 덧지붕 위에 징크 패널을 얹었고, 배면 출입구 상부도 징크 패널로 마감했다. 이 부분은 원래 존재하지 않았던 공간이었기에, 징크 패널 지붕과의 연계성을 고려한 선택이었다. 이렇게 정면은 일식 기와, 배면은 징크 패널로 구성된 지붕이 완성되었다.

패널의 골 방향을 결정하는 것도 중요한 문제였다. 가로로 할지, 세로로 할지 고민했지만, 최종적으로 세로 방향을 택해 이전 석면 슬레이트의 방향과 일치시켰다.

설계도에 처마 홈통은 갈색 징크, 선 홈통은 갈색 함석으로 명시되어 있었다. 그러나 지붕에 사용된 징크와 기와의 조화를 고려해, 최종적으로 모든 홈통을 회색 징크로 통일했다. 처음에는 정면만이라도 목재와 어울리도록 갈색 함석으로 하고 싶었지만, 함석은 색상이 제한적이었다. 채도가 높고 눈에 띄는 색상은 건물의 전체적인 분위기와 어울리지 않았다. 결국, 조화와 안정감을 위해 회색을 선택했다.

징크 패널을 사용한 지붕 공사

6
창호:
목재와 금속의 공존

흑린각의 창호 작업은 마치 예술과 도전의 경계를 넘나드는 과정이었다. 창호는 목재와 금속, 그리고 한식 창호로 나뉘어 각기 다른 재료와 방식으로 제작되었으며, 이를 통해 흑린각의 독창적인 매력을 한층 더했다. 정면의 목재 창호, 배면의 금속 창호, 그리고 전통미를 살린 한식 창호는 저마다의 개성을 지니면서도 조화롭게 어우러졌다.

목수의 손에 달린 목재 창호

목재 창호는 숙련된 목수의 손끝에서 탄생했다. 목재 창호에는 세로 패턴이 전체적으로 적용되었지만, 일부 세로 패턴이 반영되지 않은 곳은 아쉬움으로 남는다. 창호 틀을 설치하고 여기에 맞는 강화유리를 사용하려 했지만, 시공 과정에서 일반 유리로 변경되었다. 강화유리를 사용하려면 창호 틀이 두꺼워질 수밖에 없었고, 이는 근대건축물의 섬세한 이미지를 해칠 우려가 있었기 때문이다. 그 결과, 흑린각은 열 손실이 우려되는 건물이 되었지만, 과거에도 이런 창호로 추위를 견뎌온 건물이라는 점에서 큰 문제는 없으리라 생각했다.

1층 목재 창호에는 정면의 돌출 창호와 출입문이 포함된다. 설계 단계에서 돌출 창호의 기단부와 출입문 하단부의 높이를 맞추기 위해 수차례 도면을 수정했지만, 시공 과정에서 발생한 작은 오차는 끝내 눈에 띄었다. 다른 사람들에게는 미미한 차이일지 몰라도, 설계에 깊이 관여한 나로서는 쉽게 간과할 수 없는 부분이었다.

2층 목재 창호에 설치된 돌출 난간 역시 아쉬움을 남겼다. 기본 설계 도면에서는 적절한 높이였지만, 실시 설계 도면 검토 과정에서 난간이 높게 변경되었다. 이는 기본 설계와 실시 설계 사이의 세부 사항이 제대로 검토되지 못한 결과였다. 현장에서도 난간 입면도와 상세도가 불일치했지만, 이를 지적하는 사람이 없었다. 시공 도면대로 작업은 했지만, 난간은 일식 목조 가옥의 이미지와는 거리가 먼, 한옥에 어울리는 형태로 완성되었다. 아무리 세심하게 검토해도 도면의 작은 오류 하나가 결과에 미치는 영향을 다시금 깨닫게 되는 순간이었다.

2층에 설치된 한식 창호는 한지를 사용해 전통미를 살렸다. 다만, 불특정 다수가 드나드는 공간에 한지를 사용하는 만큼 관리가 쉽지 않을 것이라는 우려가 있었다.

창호 공사(목재)

이를 보완하기 위해 한지 제작 단계에서 천을 넣어 찢어짐을 방지한 창호지가 있다. 이렇게 만들어진 '천 창호지'는 전주 천양한지에서 생산된 것으로, 상업 공간에 사용하기에 최적화되어 있다.

흑린각의 창호 작업은 섬세한 조율이었다. 모든 과정이 흑린각을 목포 근대역사문화공간의 상징으로 자리 잡게 하기 위한 정성과 열정의 연속이었다.

현대적 감각을 담아낸 금속 창호

배면의 금속 창호는 흑린각의 현대적 감각을 담아낸 또 다른 도전이었다. 알루미늄 창호는 한식 창호의 전면부와 보이드 공간의 전면부에 각각 설치되었는데, 특히 보이드 공간의 알루미늄 창호는 구조적으로 고민이 많았다. 창의 크기에 비해 뒤쪽에서 이를 지탱할 부재가 없었기 때문이다. 인방의 유무는 구조적 안정성에 큰 영향을 미친다. 이를 보완하기 위해 1층과 2층 사이에 가로로 탄화목을 설치했다. 통창으로 개방감을 유지하면서도 구조적 안정성을 확보하려는 시도였다. 탄화목은 창호를 단단히 고정하는 동시에 보의 역할을 수행해 창호 전체를 더욱 견고하게 만들었다. 덕분에 내부에서 보이는 알루미늄 창호의 차가운 인공적 이미지가 탄화목의 따뜻함과 어우러져 보다 자연스러운 인상을 주었다.

흑린각 창호에는 기존 목재, 신규 목재, 그리고 알루미늄이 혼용되었다. 이질적인 재료가 한 공간에 공존하다 보니 전체 이미지를 통일시키는 것이 중요한 과제였다. 통일성을 구현하기 위해 선택한 방법은 '색채'였다. 기존 목재의 색을 기준으로 신규 목재와 알루미늄의 색을 정했다. 알루미늄 색상은 생산업체 샘플 북에서 목재에 사용된 밤색 오일스테인과 가장 유사한 색으로 골랐다.

그러나 여기에도 변수가 있었다. 알루미늄 샘플 북의 색상은 두 가지 방식으로 제작된다. 알루미늄에 직접 색을 입힌 샘플 북은 실제 생산물과 색이 동일하지만, 종이에 색을 칠한 샘플 북은 실제 결과물과 색이 달라질 수 있다. 특히 샘플 북의 작은 견본만으로 전체 건축물의 색감을 예측해야 하는 과정에서는 전문가의 경험과 식견이 중요했다.

더욱이 알루미늄 창호의 색상은 햇빛이나 조명 아래에서 달라 보일 수 있다. 자연광이 비치는 시간대나 조명의 색온도에 따라 창호의 색감이 변할 가능성을 고려하지 않을 수 없었다. 작은 샘플 북의 색감이 전체 건물에 어떤 영향을 미칠지 판단하는 일은 고도의 감각과 섬세함이 요구되었다.

흑린각의 창호 작업은 서로 다른 재료와 색채가 어떻게 공간에 생명력을 불어넣을지 고민한 결과물이었다. 이를 통해 흑린각은 과거와 현재가 조화롭게 공존하는, 역사적 깊이와 현대적 세련미를 겸비한 공간으로 완성될 수 있었다.

창호 공사(금속)

7
마감: 손끝이 복원한 표정

기둥은 튀어나와야 예쁘다

내부 벽체 작업은 건축 공정을 넘어선 섬세한 예술이었다. 흑린각의 내벽은 단열재 위에 합판 한 장과 석고 한 장을 덧대어 마감했다. 설계도에는 석고 두 장이 명시되어 있었지만, 합판이 석고보다 튼튼하고 못을 박을 수 있다는 장점 때문에 재료를 바꾸었다. 오래된 흑린각의 구조적 특성상 횡력이 약했기에 두꺼운 합판 사용은 불가피했다.

새롭게 추가된 화장실과 계단의 외벽은 합판으로 마감했다. 이는 기존 목재와의 이질감을 줄이면서도 원형과 비원형을 구분하려는 의도였다. 궁궐을 비롯한 문화재에서 단청이 칠해진 화장실이나 안내판을 외국인들이 문화재로 착각하는 모습에서, '문화재와 아닌 것의 명확한 구분'이 얼마나 중요한지 새삼 깨달았다. 설계 당시에는 이를 깊이 고민하지 못해 내벽과 같은 재료로 마감했지만, 화장실 문을 목재로 설치하면서 마감에 대한 생각을 다시 하게 되었다.

2층으로 올라가는 계단을 설치하기 위해 벽면에 먼저 계단을 그려보았다. 마감과 사용성을 고려해 설계 당시보다 경사를 완만하게 조정했다. 사실 욕심 같아서는 계단 경사를 가파르게 해서 하부에 넓은 수납공간을 확보하고 싶었다. 그러나 여기에 참여한 모두가 이를 반대했기에 결국 한 발 물러설 수밖에 없었다.

내부 벽체 작업에서는 한옥에서와 마찬가지로 기둥과 벽면의 높이 차이를 세심히 조정했다. 한옥은 기둥 크기의 볼륨감을 살리기 위해 보통 3~6cm 정도의 차이를 두지만, 흑린각은 기둥이 작고 단열과 마감도 고려해야 했기에 큰 차이를 줄 수는 없었다. 만약 기둥과 벽체의 마감선을 동일하게 맞추면 건물이 둔탁하고 무거운 인상을 줄 수밖에 없었다. 기둥이 벽체보다 1cm 정도 돌출되도록 설계해 시각적 경쾌함을 살렸다. 이는 페인트칠을 할 때 마감선이 고르게 보이도록 하는 데도 효과적이었다. 외벽에서 다소 양보하더라도 내벽만큼은 기둥의 돌출을 기준으로 마감선을 정해 흑린각의 입체감을 유지할 수 있었다.

내부 벽체 작업은 이렇게 작은 디테일의 반복이었고, 그 디테일이 흑린각을 더욱 빛나게 하는 힘이 되었다.

목재마루에 새긴 흔적

1층의 콘크리트 바닥은 정성을 다해 도키다시(研出, 인조석 등의 석재 표면을 연마기로 마감하는 것)를 하고, 표면 강화를 위해 약품 처리를 더했다. 마치 오래된 돌을 갈고 닦아 새로운 생명을 불어넣듯, 바닥은 새로운 광택을 얻었다. 그러나 작업이 끝난 뒤, 자갈의 크기가 예상보다 커 보이고 표면의 색감이 다소 옅다는 아쉬움이 남았다. 색이 조금 더 짙었다면 흑린각의 묵직한 역사와 더 잘 어우러졌을 텐데 말이다.

2층 목재 바닥은 기존의 나무를 살려 그 위에 마루를 깔았다. 오래된 목재를 몇 번이나 정성스레 닦아내고 새 마루로 덧댄 과정은 과거와 현재를 잇는 디딤돌 같았다. 이전에 계단이 있던 자리에는 빈 공간이 남아 있었는데, 그곳도 마루로 채워 넣었다. 새로 설치되는 계단의 마루 작업도 함께 이루어졌는데, 조심스럽게 하나하나 이어지는 과정에서 흑린각의 온기가 다시 살아나는 것만 같았다.

수장 공사(벽체 마감)

수장 공사(1층 바닥 마감)

바닥 하나, 계단 하나에도 역사의 흔적과 오늘의 손길이 어우러지는 이 공간은 마치 과거와 현재가 함께 춤추는 무대와 같았다.

천장의 시간을 복원

1층 천장에 붙어 있던 낡은 도배지를 벗겨내는 일은 쉽지 않았다. 도배지에 물을 적셔 충분히 불린 뒤, 한 조각씩 조심스럽게 떼어내야 했다. 처음에는 천장을 그라인딩(grinding, 연마)하여 깔끔하게 마무리하려는 생각도 했지만, 오래된 건물이 간직한 세월의 흔적을 살리기 위해 최소한의 작업만 하기로 했다. 이 까다로운 작업을 맡아준 사람은 바로 동네 주민이었다. 한 달 반 동안 매일 천장과 씨름하며 정성껏 작업을 이어갔다. 그 결

수장 공사(천장 마감)

과, 천장은 비로소 새로운 숨결을 불어넣은 듯 고즈넉한 아름다움을 되찾았다.

작업하는 모습을 본 적이 있다. 천장을 올려다보며 섬세하게 도배지를 벗겨내는 그의 손길은 마치 미켈란젤로가 시스티나 성당의 천지창조를 그리던 순간을 떠올리게 했다. 하루 종일 고개를 젖힌 채 일하였으니, 목과 어깨가 얼마나 고되었을까. 그의 정성과 인내 덕분에 흑린각의 천장은 시간과 정서가 녹아든 작품이 되었다.

구 야마하 선외기 건물, 현재의 모자아트갤러리 2관은 그라인딩 작업으로 천장을 정리했지만, 흑린각과는 전혀 다른 느낌이다. 과거의 결이 사라진 그곳과 달리, 흑린각의 천장은 묵직한 역사와 이야기를 고스란히 담고 있다.

목포는 목조 건물이 유난히 많고, 그 특성을 살리며 유지해 온 전통이 깊다. 앞으로도 목조 건물의 지속적인 관리를 위해 관련 기술자를 발굴하고 그들의 소중한 기술을 기록하는 작업이 필요하다. 목포시에서 건축자재 전시관을 조성할 때, 이러한 기술의 가치와 중요성도 함께 담아내길 바란다. 이는 목포의 귀중한 자산이 될 것이다.

8
색칠:
색의 감각과 결단

색은 개인의 취향을 강하게 반영하며, 언어로 온전히 표현하기 어렵다. 하지만 디자인의 완성은 결국 색으로부터 비롯된다. 건축물의 아름다움을 배가시키고, 근대와 현대가 어우러지는 조화로움을 잘 만들어내기 때문이다. 비록 기본색을 정했다고 해도, 미묘한 뉘앙스는 상황에 따라 조정이 필요하다.

설계도면에는 색이 명시되지 않거나 '지정색'으로 기재된 부분이 있다. 이는 시공 중에 재료를 결정하며 재료 고유의 색을 사용하거나, 현장에서 색을 직접 지정하라는 의미다. 도장 공정에서 모든 부재를 칠하지는 않지만, 색을 정해야 하는 곳은 많다.

외벽 색은 고민이 필요 없다

외부에서 가장 먼저 도장된 것은 목재였다. 내부 목재의 색상에 맞추어 동일한 색을 사용했다. 이어 외벽 작업이 시작되었다. 흰색 스투코(stucco, 골재나 분말, 물 등을 섞어 벽돌, 콘크리트, 어도비나 목조 건축물 벽면에 바르는 미장 재료)를 바르기 위해 시멘트 퍼티(시멘트, 콘크리트 등의 바탕면을 보수하고, 균열을 메우는 데에 사용되는 재료) 작업을 하고, 메시를 대어 마감했다. 순수한 흰색의 스투코가 외벽을 깔끔하게 덮었다.

도장 공사(외벽)

일식 기와는 이미 짙은 회색으로 생산되어 따로 색을 지정할 필요가 없었다. 징크 패널은 기와의 회색에 맞춰 짙은 회색을 선택했다. 홈통 역시 징크 패널과 일식 기와와 어울리는 동일한 짙은 회색으로 선정했다.

갈색 오일스테인의 불안은 현실로

내부에서는 목재 도장이 가장 먼저 이루어졌다. 구舊 부재는 그대로 두고, 신新 부재는 밤색 오일스테인으로 칠해 구 부재와 구분되도록 했다. 창문, 문, 기둥 등 한지 창호를 제외한 모든 신부재에 밤색을 입혔다.

1층 천장은 도배지를 제거한 뒤 그대로 두었고, 투명 오일스테인으로 마감했다. 투명한 처리로 목재의 결이 고스란히 드러나도록 하면서도, 조명 반사를 막기 위해 수성 스테인을 사용했다. 2층 마루는 동일한 밤색 오일스테인으로 칠한 뒤 투명 코팅으로 마무리했다. 탄화목은 래커와 에폭시로 단단하게 보호했다.

벽면 색상은 샘플 작업을 통해 최종 결정했다. 약간의 노란 기가 도는 색은 조명의 영향을 받아 자칫 과도하게 샛노랗게 보일 수 있어 신중히 채도를 낮췄다. 퍼티 작업 후 벽면을 정성스럽게 칠했고, 화장실 외벽의 합판은 본연의 결을 살리기 위해 투명 래커로 마감했다.

내·외부 색상은 서로 어우러져 공간에 생기를 불어넣었다. 흑린각의 외부는 정제된 흰색과 회색으로 품격을 더했고, 내부는 따뜻한 흙색과 갈색으로 고즈넉한 아늑함을 완성했다. 단순한 색의 조합이 아니라, 흑린각이 간직한 시간의 흔적과 현대적 감각이 만나 만들어낸 깊이 있는 풍경이었다.

오일스테인은 그 특성상 색이 생산업체마다 다르고, 같은 이름의 색조차도 생산업체에 따라 색이 다르고, 바탕 재료에 따라 미묘하게 달라진다. 목재의 종류와 결에 따라 색이 변하기 때문에, 결과는 "칠해봐야 안다"라는 말 외에는 달리 설명할 수 없다. 흑린각의 오일스테인 색을 결정할 때, 우리는 시공사가 제공한 컬러 북에서 '티크 색'을 선택했다. 컬러 북에서는 검정빛이 감도는 깊은 밤색이었다. 하지만 나는 여전히 불안했다. 색이 샘플 북과 다를 수 있으니 컬러 북에 보이는 색으로 해달라고 요청했다. 그래도 미심쩍어서 1층 천장의 목재와 유사한 색으로 해달라는 요청을 덧붙였다.

내 불안은 현실이 되었다. '티크 색' 오일스테인은 예상치 못한 문제를 일으켰다. 2층 천장에 오일스테인을 칠한 후, 현장에서 받은 사진 속 색은 너무도 붉었다. 밤색이 아니라 적갈색이었다. 가장 큰 문제는 지붕의 검정빛 탄화목과 이 적갈색의 충돌이었다. 두 색의 간극은 크고, 서로 전혀 어울리지 않았다. 설마 하는 마음으로 현장으로 달려갔고, 내 눈으로 확인한 결과는 사진보다 더 심각했다. 샘플 북과 현장 색의 차이를 우려해 1층 천장의 색과 유사하게 맞추라고 지시했음에도, 그 요청은 현장에 전달되지 않았던 모양이었다.

현장 소장은 시간이 지나면 나무색이 자연스럽게 변한다고 안심시켰다. 외부는 1년, 내부는 4~5년이 지나면 색이 안정을 찾는다고 했다. 그러나 그 긴 시간을 이질감 속에서 지낼 수는 없었다. 결국 재도장을 하기로 결정했다. 적갈색 위에 짙은 밤색의 '자단색'을 덧칠하기로 했다. 이미 칠해진 색 위에 덧칠하는 작업은 더 어려웠지만, 다행히도 원하는 깊이를 찾아갈 수 있었다. 이런 시행착오를 통해, 색을 결정하고 칠하는 작업에서는 몇 번이고 반복 확인이 필수임을 절감했다.

재도장을 마친 후, 흑린각은 비로소 그 고유의 아우라를 되찾았다. 검정빛 지붕과 짙은 밤색 목재가 조화를 이루며 깊은 안정감과 고풍스러움을 자아냈다. 색은 공간의 정체성을 결정짓는 핵심이었다. 흑린각의 독특한 매력은 이렇게 고민과 노력을 거쳐 완성되었다.

도장 공사(내벽)

도장 공사(오일스테인 1차, 티크 색)

도장 공사(오일스테인 2차, 자단색 덧칠 후)

색으로 구 부재와 신 부재를 구분한 모습

9
마무리: 디자인의 완성

타일 크기도 깊게 고민

화장실 바닥은 1층 바닥보다 낮게 설계되었고, 방수 작업을 마친 후 타일을 붙이는 순서로 진행되었다. 타일 크기를 정하는 과정은 머릿속에서 수십 번 붙였다 떼기를 반복하는 상상 작업이 선행되었다. 작은 화장실, 1×1.6m의 크기에는 큰 타일이 어울리지 않았다. 최종적으로 10×10cm 크기의 타일을 선택했다. 벽과 바닥에 동일한 타일을 사용한

화장실 공사

이유는 줄눈을 맞춰 공간의 연속성을 주기 위함이었다. 그러나 시공 과정에서 그 디테일이 잘 구현되지는 못했다.

타일 색상은 더욱 신중했다. 바닥은 짙은 회색으로 정해 건물 바닥과의 연속성을 유지했고, 벽면은 따뜻한 베이지색으로 선택해 조명의 색온도와 어우러지도록 했다. 줄눈 또한 타일과 같은 베이지색으로 마감했다. 배수구를 없앤 것은 디자인을 위한 선택이었으나, 청소의 불편함을 감수해야 하는 딜레마를 남겼다. 디자인과 실용성 사이에서 갈팡질팡했던 순간, 유명 건축가가 설계한 레스토랑 화장실에 배수구가 없어 직원이 불평했던 기억이 떠올랐다.

탄화목이 더하는 온기

배면부 알루미늄 창호의 안쪽에는 가로로 탄화목을 붙였다. 장식적 효과도 있지만 구조적 안정감을 더하는 역할도 있었다.

2층으로 이어지는 계단 난간에도 탄화목이 덧대어졌다. 이 디테일은 시공자의 감각에서 나온 결과였다. 도면에는 없었지만, 공간에 자연스러운 온기를 불어넣는 적절한 선택이었다. 이런 세세한 부분은 소유주와 상의하기 어려운 영역이었기에, 현장에서 즉각적으로 결정되어야 했다.

작은 공간에서 탄화목은 흑린각의 전통적 아름다움을 한층 돋보이게 했다. 이런 디테일은 공간에 새로운 생명을 불어넣었다. 흑린각의 완성은 이렇게 작은 요소들이 모여 만들어낸 아름다운 조화였다.

목재는 곡선보다 직선

화장실과 세면대 선반은 흑린각의 전통적 목조 가옥 분위기를 살리기 위해 목재로 제작되었다. 목재의 색상은 내부에 사용된 밤색 오일스테인과 조화를 이루도록 선택하였다. 목재는 공간의 성격을 규정짓는 중요한 요소로, 한옥에서는 자연의 곡선을 살린 목재가 주로 사용되지만, 일식 가옥에서는 직선형 목재가 주를 이루며 그 간결한 선이 건물의 정갈한 이미지를 형성한다. 흑린각은 이러한 넓고 좁은, 크고 작은 직선형 목재들이 조화롭게 어우러지며 그 정체성을 더욱 견고하게 다졌다.

안전을 위한 강화유리

안전은 공간 설계에서 양보할 수 없는 가치다. 외엮기 흙벽은 그 자체로 독특한 미적 감각을 갖췄지만, 손상되거나 부딪힐 위험이 있어 이를 보호하기 위해 강화유리를 설치했다. 특히 2층 보이드 공간과 계단 경계부에는 1.2m 높이의 난간을 설치하고 그 앞에 강화유리를 덧대어 추락과 낙하물 사고를 방지했다. 강화유리는 안전과 미학의 균형을 이루는 중요한 요소로 자리 잡았다.

유리 공사

과도할 정도의 철물 보강

흑린각의 구조적 안정성을 위해 철물 보강은 필수적이었다. 구조 자문에서는 큰 문제가 없다고 했지만, 벽체가 제거된 상태에서 불안감은 여전히 남아 있었다. 결국 상하와 좌우를 연결하는 철물을 추가로 설치하며 과도할 정도로 보강했다. 이는 과잉이 아니라, 공간에 대한 책임감에서 비롯된 선택이었다. 마음 편히 발 뻗고 자기 위해, 안전은 결코 타협할 수 없었다. 흑린각은 전통과 현대, 미학과 기능, 그리고 안전을 아우르며 완성되어 갔다.

완성은 디테일에서 시작

흑린각 리모델링은 디테일의 싸움이었다. 출입문의 손잡이에서 화장실의 사인물까지, 모든 요소는 사용자 편의성과 안전성을 최우선으로 고려해야 했다. 이러한 작은 부분들이 모여 공간의 완성도를 좌우했다. 배면 출입문의 손잡이는 둥근 목재 봉으로 요청했으나,

철물 보강

도면에 명확히 표기되지 않아 납작한 철재로 시공되었고, 화장실 손잡이는 레버식으로 요청했지만 공 모양의 고풍스러운 스타일로 설치되었다.

흑린각의 첫 행사에서 우려는 현실이 되었다. 둥근 손잡이는 돌리기 어렵다는 불편함이 있었고, 급기야 문이 열리지 않아 화장실에 사람이 갇히는 상황까지 발생했다. 이 작은 불편이 노약자나 어린이에게는 큰 문제로 다가올 수 있었다. 결국 출입문의 손잡이는 누구나 쉽게 사용할 수 있도록 긴 원형 목재 손잡이로, 화장실 문 손잡이는 고령자도 쉽게 열 수 있는 레버형으로 교체했다. 손잡이 하나가 주는 차이는 안전성과 편리함을 담보하는 중요한 요소임을 깨닫게 했다.

창문의 잠금장치는 선택의 폭이 제한적이었다. 최대한 단순하고 눈에 띄지 않는 디자인을 골랐지만, 여전히 복잡해 보이는 점은 아쉬움으로 남았다. 마감 작업이 진행되며, 기둥과 벽체, 벽체와 천장 사이에 생긴 틈을 메우는 실리콘 작업이 이루어졌다. 이는 외부 공기의 유입을 차단하고 내부 열 손실을 줄이기 위한 중요한 과정이었다. 시간이 지나며 틈이 다시 생길 수 있겠지만, 지금의 노력은 기본적인 보

실리콘 공사

호막을 제공하며 흑린각을 더욱 견고하게 만들었다.

　이렇게 디테일 하나하나에 담긴 고민과 정성이 흑린각을 기억에 남을 공간으로 완성시켰다.

공간은 고정되지 않아야

흑린각을 전시 공간으로 활용하기 위해 작은 디테일까지 놓치지 않았다. 그림, 사진, 장식품 등을 걸 때 벽면 손상을 최소화하려면 픽처레일(액자걸이, 벽이나 천장에 액자를 걸기 위해 사용하는 레일) 설치가 필수였다. 돌출 창과 주방 천장에도 걸 수 있도록 픽처레일을 설치해 전시 가능성을 넓혔다. 목재에 바짝 붙여 설치된 픽처레일은 흑린각의 분위기와 어우러지도록 검은색을 선택했다. 목재의 오일스테인 색상과 조화롭게 어울려 전시 공간으로서의 유연성을 한층 높였다.

　내부 사인물은 공간의 분위기를 해치지 않으면서도 기능성을 살리는 데 중점을 두었다. 화장실 사인, 난간 유리 사인, 외엮기 흙벽 전면 유리 사인 등은 흑린각의 미니멀한 미학에 맞춰 크기를 작게 하고, 흰색과 검은색의 단순한 디자인을 적용했다. 특히, 흔히 사용하는 화장실 남녀 구분의 빨간색과 파란색은 공간의 정취를 흐릴 수 있어 과감히 배제했다. 작은 화장실일수록 색감의 영향이 크기 때문이다.

노렌(暖簾)이 분위기를 완성

노렌은 일본식 가게나 건물 출입구에 치는 발로, 상호 등을 새겨놓은 천이다. 흑린각의 노렌은 장식을 넘어 공간을 완성하는 중요한 요소였다. 건물 입구, 화장실 입구, 주방 상부에 노렌을 설치해 각 공간의 특성을 살렸다. 출입구의 노렌은 출입에 지장이 없도록 적절한 높이로 걸었

노렌(외부)

노렌(내부)

고, 화장실 입구는 이용자의 프라이버시를 고려해 눈높이를 가렸다. 주방 상부의 노렌은 장식적 효과를 강조하며 짧게 설치했다.

특히 화장실 입구와 주방 상부에는 남색 계열의 광목천을 사용해 합판의 노란빛을 분절시키는 연출 효과를 더했다. 건물 입구에는 외부와 내부의 색다른 분위기를 연결하는 흰색 노렌을 설치해, 전통적 미와 현대적 감각을 동시에 느낄 수 있도록 했다. 이로써 흑린각은 과거를 재현하는 공간을 넘어 전통과 현대가 어우러지는 장소로 거듭났다.

흑린각은 작은 디테일 속에서도 세심한 배려와 감각이 담긴 공간이다. 전통과 현대, 미관과 기능을 조화롭게 융합해, 흑린각은 그 자체로 완성된 예술 작품이 되었다.

10
전기:
숨겨야 보이는 것들

**조명은
작고 둥글게**

조명은 공간을 밝히는 기능과 함께 감성과 미적 감각을 결정 짓는다. 흑린각의 조명 설계는 빛의 배치가 아니라, 공간의 스토리를 완성하는 작업이었다. 각 위치에 적합한 조명기구를 신중히 선정했고, 제품 수급에 문제가 생길 경우를 대비해 대안까지 철저히 준비했다. 전체 조명 콘셉트는 미리 정해져 있었기에 종류를 최소화하고, 형태는 통일성을 위해 원형으로 결정했다. 보이드 공간을 제외하고는 작고 간결한 조명을 선택해, 조명기구 자체가 드러나지 않도록 검은색으로 맞췄다.

조명 설계의 핵심은 보이드 공간에 설치된 대형 조명이었다. 쉼터에서 올려다볼 때 강렬한 인상을 남길 수 있도록 직경 1m의 크고 둥근 조명을 선정했다. 가장 마음에 드는 부분이 바로 이 달 조명이다. 흑린각의 역사를 떠나서 좋다. 흡사 밤하늘에 떠 있는 달처럼 공간을 은은히 채운다. 전면 도로, 특히 삼거리에서 보이는 가로경관을 고려해 2층 창문에도 은은한 원형 조명을 설치했다. 그 아래서 차를 마시며 책을 읽는 모습을 상상하면 미소가 절로 지어진다.

세면대에는 둥근 거울과 간접조명이 어우러져 따뜻한 빛을 발하도록 했다. 스팟 조명은 건물의 작은 규모와 낮은 천장을 고려해 크기를 최소화했지만, 방향 조절이 가능하도록 다양한 위치에 설치했다. 벽면, 천장, 바닥, 출입구 등 다양한 방향으로 빛을 비춰 건물의 매력을 한층 높였다. 화장실 입구에는 사인물을 고려해 벽면 부착형 다운라이트(빛을 아래쪽으로 향하게 한 조명)를 설치했고, 주방과 데스크 주변은 조명이 눈에 띄지 않도록 신경 썼다.

콘센트는 흰색을 사용하지 않기로 오래전부터 마음먹었다. 흰색 벽이 아닌 경우 흰색 콘센트는 너무 눈에 띄었기 때문이다. 무광 은색 콘센트를 선택했고, 색상이 제한적이라 벽면의 노란색 계열과 유사한 색으로 조정했다. 검은색 콘센트도 생각했으나, 적합한 제품을 찾을 수 없었다. 작은 디테일 하나까지 신경 쓴 결과, 흑린각은 더욱 정교하고 품격 있는 공간이 되었다.

조명 공사

소화기는 빨간색이 눈에 띄지 않도록 검은색 박스 안에 넣었다. 우리나라의 전통 공간에서도 빨간 소화전, 소화기, 화재 감지 센서가 분위기를 해치는 경우가 많다. 유네스코 세계유산을 방문했을 때 소화기를 갈색 나무상자나 검정 철제상자에 보관하는 사례를 참고해 흑린각에도 적용했다.

야간의 어두운 가로경관을 위해 오후 6시부터 10시까지 조명을 켜두기로 했다. 이는 목포시나 주민과의 약속이 아니라, 나 자신과의 다짐이었다. 흑린각이 등대처럼 밤길을 밝히는 역할을 하길 바랐다. 가끔 지나가던 이들이 불이 켜진 흑린각의 사진을 찍어 보내주곤 한다. 그 사진을 볼 때마다 가슴이 뭉클하다. 빛으로 채워진 흑린각, 그 자체로 아름답다.

설비는 보이지 않게

흑린각의 설비 공사는 눈에 보이지 않는 곳에서 공간의 가치를 완성하는 작업이었다. 이 과정은 대부분 땅속에 묻히거나 벽 속에 숨겨지기에, 설비의 핵심은 그 존재를 드러내지 않는 데 있다. 흑린각에서는 바닥 공사 이전에 오·배수 배관, 급수·급탕 배관, 장비 설치, 정화조 매립, 배수 설치 등의 작업이 이루어졌고, 환기 설비는 벽체와 창호 공사와 함께 진행되었다.

위생기구 중 가장 고민스러웠던 것은 세면볼의 형태였다. 현장에서는 사각형 세면볼과 거울을 제안했지만, 나는 공간의 조화와 부드러운 미감을 위해 원형을 고집했다. 변기도 둥근 형태를 선택했는데, 완벽히 둥근 디자인은 아니어서 자세히 보지 않으면 큰 차이가 나지 않았다. 세면볼 수전도 둥근 형태를 선택했다. 이렇게 각진 형태를 피한 이유는 디자인만이 아니라 안전을 고려해서였다. 날카로운 모서리가 사용자의 몸에 닿아 상처를 입힐 위험을 최소화하고자 했다.

화장실 소품은 목재와 스테인리스 스틸만 사용하고, 플라스틱은 철저히 배제했다. 목재는 내장 목재의 오일스테인 색과 비슷한 톤을 사용해 일관성을 유지했고, 스테인리스는 무광을 선택해 빛 반사를 방지했다.

냉·난방기 배관 작업은 벽체 공사와 병행되었다. 1층 에어컨은 계단 아래 숨겨 설치하고, 목재 그릴을 달아 외부에서 보이지 않게 했다. 2층 에어컨은 검은색 천장형으로 설치했지만, 천장에 매입되지 않아 알루미늄 부분이 눈에 띄었다. 이 부분을 검은색으로 칠해 눈에 띄지 않도록 했다.

정화조는 바닥 마감을 하기 전에 묻어야 한다. 작업 중 해수가 계속 스며들어 물을 퍼내며 설치를 진행해야 했다. 정화조가 뜨지 않도록 물을 채워 무게를 더했다.

위생기구 설치 공사

뚜껑 위치와 출입문 위치가 일치하지 않도록 요청해, 사용 시 발생할 수 있는 불편함을 최소화했다. 작업이 완료된 후 배관을 연결하며 정화조와 설비 시스템을 마무리했다.

처음에는 검정 고무 재질로 뚜껑을 덮었지만, 출입문 바로 앞에 위치해 단차와 색상 이질감이 신경 쓰였다. 결국 바닥 면과 동일한 높이와 소재로 마감했다. 1년에 한 번 정화조를 관리할 때 불편함이 있을 수 있겠지만, 일상의 편안함을 우선으로 한 선택이었다.

이렇게 흑린각은 보이지 않는 곳에서부터 꼼꼼한 손길로 완성되었다. 그 정성과 섬세함이 공간의 품격을 한층 더 높였다.

에어컨 설치 공사

11
가로:
거리의 풍경은 누구의 것인가

**밖에서 보이는 것은
내 것이 아니다**

흑린각의 대문과 담장은 경계 이상의 의미를 담아야 했다. 명신당과 흑린각 사이의 골목을 열어 번화로와 쉼터를 자연스럽게 연결하고 싶었다. 그러나 옆 건물인 명신당이 주거 공간으로 사용되고 있기 때문에 소유주가 대문 설치를 요구했고, 결국 개방은 무산되었다. 시각적 개방감을 위해 투시형 대문을 제안했지만, 소유주의 요청에 따라 폐쇄형으로 결정되었다. 그럼에도 불구하고 대문의 디자인은 흑린각의 외관과 어우러지도록 신중히 조율했다.

흑린각과 구 갑자옥 모자점 사이의 작은 골목에도 비늘판벽 울타리를 세워 불필요한 통행을 막았다. 구 야마하 선외기 건물의 비늘판벽과 조화를 이루도록 배면에도 같은 디자인의 울타리를 설치해 전체적으로 일관된 이미지를 완성했다.

화재 예방과 편의를 위해 후면에 수전을 설치하고, 그 주위에 자갈을 깔아 깔끔히 정비했다. 하지만 쉼터와 가까워 무단 사용에 대한 우려가 있었다. 실제로 준공 후 얼마 지나지 않아 누군가 허락 없이 물을 사용해 수도 요금이 갑자기 늘어난 일이 있었다. 비용 자체는 크지 않았지만, 허락 없이 사용했다는 사실이 불쾌했다.

우편함은 목재로 제작해 건물 이미지와 어울리도록 했지만, 뚜껑을 여는 방향이

다소 불편했다. 다행히 요즘은 전기나 수도 요금 고지가 거의 우편물로 오지 않아 실사용에 큰 문제는 없었다.

건물 앞에는 사람들이 잠시라도 쉬어갈 수 있는 벤치를 두고 싶었다. 그러나 주차 문제와 목재 창호 보호를 위해 석재 볼라드를 설치하기로 했다. 가로등 사이에 지름 450mm의 화강석 볼라드 네 개를 배치해 차량 진입을 막고, 동시에 어르신들이 쉬어갈 수 있는 자리로 활용했다. 이 볼라드는 때로 단체 사진을 찍는 공간으로도 활용되며, 어르신들에게는 벤치 이상의 가치를 지녔다. 걷다가 지칠 때마다 잠시 쉴 곳이 필요한 고령자들에게 이 지역은 더 친절해져야 한다. 목포 근대역사문화공간에 벤치가 부족하다는 사실은 분명 개선이 필요하다.

외부 전선과 통신선은 건물의 아름다움을 훼손할 수 있는 요소였다. 건물 정면을 가로지르던 각종 선들은 1층 지붕선 아래로 감춰 정리했고, 통신선은 관리 회사에 연락해 정돈을 요청했다. 작은 선 하나까지 정리하며, 흑린각의 정면은 한층 더 깔끔하고 정돈된 모습을 갖추게 되었다.

이 모든 디테일은 흑린각을 사람과 환경이 조화롭게 어우러진 공간으로 만드는 과정이었다.

비늘판벽 디자인의 담장 설치

볼라드 설치

12
시공사의 말, 현장의 진심

인터뷰

흑린각 리모델링을 맡은 권승필 대표와의 짧은 인터뷰는 깊은 인상을 남겼다. "시공사 입장에서 어려운 점이 있었나요?"라는 질문에 그는 담담히 말했다.

"개인적으로 일본 건축에 대한 지식이 부족했어요. 설계도면에 디테일도 적다 보니, 마치 뜬구름을 잡는 기분이었습니다."

흑린각은 작지만 간단한 건축물이 아니었다. 원형복원과 현대적 디자인이라는 상반된 요소를 하나의 공간에 담아내야 하는 복합적인 프로젝트였다. 권 대표는 그 점이 가장 큰 도전이었다고 털어놓았다. "지금까지 문화재 보수는 원형 복원에만 초점이 맞춰졌지만, 흑린각은 새로운 디자인을 가미해야 했기에 난관이 많았어요. 근대 목조 건축물의 새로운 방향성을 제시한 프로젝트였죠. 앞으로 등록문화재도 이런 방식으로 복원하며 현대적인 요소를 더할 수 있을 겁니다."

해체와 복원의 과정은 생각보다 더 힘들었다. "일반적으로 건축주는 리모델링을 통해 실용성을 추구하지만, 흑린각의 경우 건축주의 뚜렷한 철학이 있어서 방향 설정이 쉬웠어요. 설계 단계에서 디테일이 잘 잡히면 시공은 훨씬 수월해져요. 현장에서 결정할 일이 줄어들고 매뉴얼에 가까운 공사를 할 수 있죠. 하지만 흑린각은 복원 개념이 포함되어 있어서 현장에서 고민해야 할 부분이 많았습니다."

가장 어려웠던 작업은 기와였다. "한식 기와는 품질이 일정하지만, 일식 기와는 품질이 들쑥날쑥했어요. 세 번이나 다시 시공했죠. 정해진 물량보다 30%를 더 쓰고, 인건비도 세 배나 더 들었어요."

그는 2층 탄화목을 살린 결정이 좋은 선택이었다고 평가했다. "문화재가 아니었기에 현장에서 바로 판단할 수 있었어요. 살릴 수 있는 부분은 구분했지만, 모든 걸 살려도 보기 싫게 불탄 집 같아 보이면 안 되잖아요."

끝으로 그는 근대건축에 대한 소중한 경험을 얻었다며 웃었다. "전문가는 결국 경험과 횟수에서 나옵니다. 다음 작업에서는 더 체계적으로 접근해야겠다고 느꼈어요. 특히 해체 단계에서 디테일한 조사가 얼마나 중요한지 깨달았습니다."

흑린각의 재탄생은 새로운 실험이었다. 그 과정에서 얻어진 경험은 앞으로의 건축물 복원에 귀중한 자산이 될 것이다.

※ 〈3장 흑린각, 어떻게 다시 지어졌는가, 125~175쪽〉의 사진은 모두 시공사에서 제공한 사진이며, 시각적 편의를 위해 별도 표기를 생략하였습니다.

IV

흑린각, 목포의 문화가 되다

1
건물도
이름이 필요하다

건물의 본질을
전하는 이름

우리나라 전통 건축물에는 입구와 처마에 현판을 다는 문화가 있다. 마치 사람의 이름을 짓고 집에 문패를 다는 것처럼, 건물에는 현판을 달아 그 정체성을 드러냈다. 현판에는 시대의 철학과 가치, 건물의 성격이 담겨 있으며, 나무판에 글자나 그림으로 이를 표현했다. 건물의 용도와 사용자에 따라 전殿, 당堂, 합閤, 각閣, 재齋, 헌軒, 누樓, 정亭 등의 이름이 붙었고, 이는 건물의 품격과 기능을 상징했다.

궁궐의 예를 들자면 경복궁, 창경궁, 창덕궁, 덕수궁 같은 이름이 붙고, 각 궁궐의 건물에는 근정전, 강녕전, 사정전, 인정전, 대조전, 교태전, 희정당 등 다양한 현판이 걸렸다. 근정전은 왕이 정사를 보는 공간, 강녕전은 왕의 생활 공간, 사정전은 왕이 깊은 고민을 다스리던 공간이었다. 창덕궁의 인정전은 공식 의식이 열리는 장소였으며, 대조전은 왕비의 거처, 희정당은 왕이 집무를 보던 곳이었다.

현판 문화는 오늘날에도 이어진다. 청와대의 인수문은 정문, 상춘재는 귀빈을 접대하는 장소로, 이들 또한 그 이름이 가진 의미와 함께 건물의 성격을 설명한다. 현판의 글귀는 주로 붓글씨로 쓰이며, 서체는 건축물의 격식과 분위기에 따라 정해진다. 명필가나 서예가가 쓴 글씨는 현판에 예술적 가치를 더하고, 건물의 정체성을 한층 부각시킨다. 현판은 건물의 입구나 정체성을 드러낼 수 있는 가장 적합한 위치에 걸려 방문객의 시선을 사로잡는다.

전주 한옥마을에 가본 적이 있는가? 전주 한옥마을의 건물들에는 각기 이름이 새겨진 현판이 있다. 이 현판들은 마을의 독특한 전통과 문화를 담고 있어, 각 건물이 가진 정체성과 문화적 가치를 고스란히 드러낸다. 승광재는 '광무를 이어간다'는 뜻을, 학인당은 '학문을 익히는 사람의 집'을, 동락원은 '함께 즐기는 정원'을, 삼락헌은 '세 가지 즐거움이 있는 집'을 의미한다.

현판은 건물의 입구나 처마에 걸려, 방문객들에게 그 공간의 용도와 성격을 알려준다. 비록 건물 안으로 들어가지 못하더라도, 현판만 보아도 그곳이 어떤 역할

전주 한옥마을 건물 현판

을 하는 장소인지 짐작할 수 있다. 이러한 현판들은 각 건물이 가진 역사와 전통을 전달하며, 전주 한옥마을의 독특한 문화적 정체성을 지켜내는 데 중요한 역할을 하고 있다.

일본 나오시마에서 비슷한 경험을 한 적이 있다. 그곳의 주택가에는 '야고(屋号, 가게의 이름이나 집의 칭호를 나타내는 현판의 일종)'라고 하는 문패가 집마다 걸려 있었다. 야고는 집의 역사와 전통, 지역적 특색을 담아 그 정체성을 드러내는 상징이었다. 특정 집이나 사업체, 상점의 고유한 이름이나 상호를 의미하는 야고는 그 집이 지닌 이야기를 함축하고 있었다. 처음에는 주인의 이름일 거라 짐작했으나, 자세히 들여다보니 집의 이름이라는 것을 알게 되었다.

처음 방문한 집의 문패에는 '카도야角屋'라는 이름이 적혀 있었다. '모퉁이 집'이라는 뜻으로, 실제로 사거리 모퉁이에 자리 잡은 집이었다. 이름이 건물의 위치적 특성을 반영한 것이다. 독특하고 기억하기 쉬운 야고는 방문객에게 강렬한 인상을 남기며, 경쟁과 차별화 속에서 그 집을 돋보이게 하는 역할을 했다.

흑린각
黑鱗閣

이러한 맥락에서 '흑린각'이라는 이름이 탄생했다. 이 건물은 리모델링 전까지 '목포시 영해동 2가 1-1' 또는 '옛 서울반점'으로 불렸다. 서울반점이 언제부터 영업했는지, 언제 문을 닫았는지는 알 수 없지만, 동네 주민들에게는 꽤 익숙한 이름이었다. 리모델링 이전에는 '서울반점'이라는 간판이라도 있었지만, 지금은 그것조차 사라져 옛 흔적을 짐작하기 어려운 상황이었다. 이제 뭐라고 불러야 할까. 건물이 이름 없는 유령처럼 남아 있기를 원하지 않았다. 그 자체의 특징과 이야기를 담아낼 새로운 이름이 필요했다. 그렇게 탄생한 이름이 바로 '흑린각'이다.

'흑린각'이라는 이름을 들은 사람들은 대개 고개를 갸웃한다. "무슨 뜻이야?" 나이 든 사람들은 중국 음식점을 떠올리고, 젊은 사람들은 일본 애니메이션 같다고 말하기도 한다. 각자가 살아온 시대와 문화 속 경험에서 나온 상상이다.

'흑黑'은 검은색을, '린鱗'은 비늘을, '각閣'은 집이나 건물을 의미한다. 특히, '각'은 중요한 장소나 사건이 발생하는 공간을 상징한다. 역사적으로도 의미 있는 건축물을 지칭할 때 자주 쓰이며, 건축물의 역사적 가치와 유산으로서의 중요성을 드러내는 이름이다.

'흑린각'이라는 이름은 곧 '검은 비늘 집'을 의미한다. 이것은 건물 자체의 역사와 흔적에 깊이 뿌리내리고 있다. 과거, 구 갑자옥 모자점 2층에서 발생한 화재가 이 건물의 2층으로 번지면서, 지붕을 받치던 적송 목재가 불에 타 섬게 변했다. 탄화된 적송의 표피는 마치 비늘과 같았고, 그 모습이 '검은 비늘'이라는 이미지를 떠올리게 했다. 여기에 더해, 이 건물의 또 다른 주요 재료인 회색 일식 기와의 패턴 역시 비늘을 연상시켰다. 내부와 외부 모두에서 드러난 이 검은 비늘의 모습은 건물의 정체성을 담아 '흑린각'이라는 이름으로 재탄생하게 되었다.

2층에 올라 천장의 탄화된 구조재를 보면, 왜 이 건물이 흑린각이라 불리는지 금세 알 수 있다. 탄화재를 그대로 살린 이 모습은 목포 근대역사문화공간에서도 전례를 찾기 힘든 사례다. 눈에 보이는 흔적을 남기는 데서 그치지 않고, 건물이 견뎌온 시간과 역사를 그대로 품은 채로 오늘날의 공간으로 이어지고 있다.

흑린각이라는 이름은 발음이 쉬운 편은 아니지만, 검색해 보면 유일무이한 이름임을 알 수 있다. 목포 근대역사문화공간에는 목조 가옥이 많아 화재에 취약하다 보니 불에 탄 건물들이 종종 있었다. 그러나 이렇게 탄화목을 적극적으로 활용한 리모델링 사례는 없었다. 흑린각처럼 탄화된 상태가 심각했다면, 보통은 복원을 포기했을 가능성이 높다. 그러나 이 건물은 탄화된 흔적을 고스란히 살리며, 원형의 아름다움을 되찾았다.

흑린각이라는 이름은 리모델링의 철학과 원칙을 그대로 담고 있다. 지붕에는 원래의 재료인 일식 기와를 사용하고, 내부에는 불에 탄 탄화목을 구조재로 남겨 원형 복원이라는 가치를 실현했다. 이 건물은 과거의 흔적을 복원하고, 그 흔적을 통해 현대의 공간과 이야기를 새롭게 창조해 냈다.

흑린각은 이제 건물에 머물지 않고 이름 속에 담긴 상징과 이야기를 통해, 시간을 이어가는 문화적 유산으로 새롭게 자리 잡을 것이다.

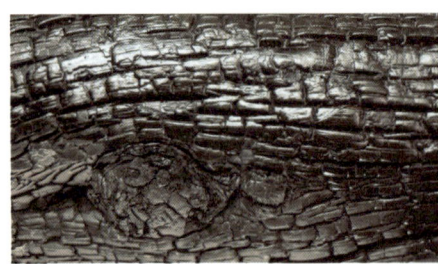 

탄화목의 비늘 모양 표피

비늘을 연상 시키는 일식 기와의 패턴

복원의 원칙을 담은 로고

'흑린각'이라는 이름 외에도 이 건물을 기억하게 만드는 방법 중 하나는 로고다. 로고는 브랜드의 이름, 철학, 가치를 간결하면서도 직관적으로 담아낸다. 이를 통해 소비자는 브랜드를 쉽게 인식하고 기억할 수 있다. 잘 디자인된 로고는 브랜드의 일관성을 유지하며, 다른 브랜드와의 차별화를 만들어내는 동시에 감정적 연결고리를 형성해 강렬한 인상을 남긴다. 애플, 블루보틀, 나이키, 샤넬, 코카콜라 같은 브랜드는 로고를 보는 것만으로도 즉각적으로 인식된다.

로고는 심볼, 로고타입, 컬러, 서체 등의 요소로 구성된다. 심볼은 로고의 그래픽적 요소로 특정 이미지를 상징하거나 브랜드의 정체성을 나타낸다. 로고타입은 브랜드 이름이나 문구를 특정 서체로 디자인해 시각적 주목도를 높인다. 색상은 감정적 반응을 이끌어내고, 서체는 브랜드의 성격과 분위기를 결정짓는다.

예를 들어, 애플의 로고는 사과 모양으로 혁신과 단순함을 상징한다. 스타벅스의 로고는 녹색을 사용해 친환경적이고 신선한 이미지를 전달하며, 코카콜라는 독특한 서체와 강렬한 빨간색으로 즐거움과 활력을 표현한다. 디즈니는 동화적인 서체를 통해 마법과 환상을 연상시키며, 브랜드의 정체성을 시각적으로 완성한다.

특히 건물 형태를 로고로 활용하는 사례는 건물 자체를 브랜드로 승화시킨다. 뉴욕의 엠파이어스테이트 빌딩, 파리의 에펠탑, 시드니의 오페라하우스 같은 건물들은 고유한 디자인 요소를 반영한 로고를 통해 전 세계적으로 강렬한 인상을 남기며, 그 건물 자체를 하나의 상징이자 브랜드로 자리 잡게 했다.

흑린각 역시 이러한 방식으로 로고를 제작한다면, 그 건물만의 독창적 정체성을 대중에게 각인시킬 수 있을 것이다. 로고는 흑린각의 철학과 가치를 담아내는 또 다른 얼굴이 될 것이다.

로고는 흑린각을 대중에게 알리고, 그 특징을 효과적으로 드러내는 중요한 도구다. 가장 직관적이고 강렬한 방법은 흑린각 건물 자체를 로고로 만드는 것이었다. 보통 건물의 외곽선을 따서 단순화한 로고는 높은 건물이나 대규모 건축물에 주로 사용되지만, 흑린각은 규모로 보나 높이로 보나 아주 작은 건물이다. 그럼에도 불구하고, 흑린각의 정체성과 매력은 건물 자체에 담겨 있기에, 로고 역시 건물의 특징을 반드시 표현해야 했다.

리모델링 과정에서 가장 중요한 원칙이었던 정면의 원형 복원과 배면의 현대적 디자인을 로고에 담을 수는 없을까 고민했다. 이 아이디어는 건축 시기별로 구분된 지붕 재질에서 착안했다. 1920년대의 최초 건축 영역과 1958년의 증축 건축 영역을 종단면으로 나누어 표현하고, 최초 건축 영역은 1층과 2층을 분리된 형태로, 증축 건축 영역은 1층과 2층이 뚫린 보이드 공간을 반영해 구성하기로 했다. 이 방식은 흑린각의 건축적 변천사를 시각적으로 전달하는 데 효과적이었다.

흑린각의 이미지를 색으로 표현하자면 당연히 검은색이다. 탄화목의 검정빛은 흑린각의 정체성을 상징하는 요소다. 따라서 로고의 기본색은 검정으로 설정했다.

이렇게 탄생한 흑린각의 로고는 건물의 역사와 가치를 함축하는 상징적 표현이 되었다. 이 로고는 사람들에게 흑린각의 이미지를 선명히 각인시키며, 오래도록 기억 속에 남을 것이다.

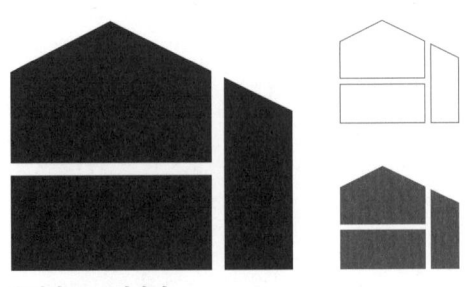

흑린각 로고 디자인

2
공간을
알리는 방법들

흑린각 리모델링의 철학과 가치를 알리기 위해서는 안내판 설치와 로고 활용이 가장 효과적인 수단일 것이다. 흑린각을 스쳐 지나가는 이들에게도, 우연히 방문한 이들에게도 인상을 남기고 싶있다.

**안내판을
붙인 사연**

근대역사문화공간을 거닐다 보면, 개별 등록문화재 앞에 세워진 안내판이 눈에 띈다. 이 안내판들은 해당 건축물의 특징과 역사적 가치를 상세히 설명하며 방문객들의 이해를 돕는다. 건물의 이름, 주소, 건축 연도, 설계자 등 기본 정보를 제공하고, 건물의 용도와 주요 기능, 설계 방향, 구조적 특징 등을 풀어내어 그 배경과 의의를 전달한다. 이처럼 안내판은 정보를 전달하며, 방문객의 호기심을 자극하고, 문화재 보존의 중요성을 일깨우는 역할을 한다.

흑린각에도 이러한 안내판을 설치하기로 결정했다. 안내판은 리모델링의 이야기와 철학을 담아내야 했다. 내용을 구성하며, 건물의 주소, 설명, 그리고 리모델링에 참여한 이들의 이름을 세 개의 구역으로 나누어 표현하기로 했다. 디자인은 흑린각 로고와 연계해 원형 복원의 의미를 살리도록 했다. 최초 건축 영역의 2층, 1층, 기초를 시각적으로 표현하며, 2층과 1층은 동일 높이로, 기초는 1층의 3분의 1 높이로 축소해 완성했다.

2층에는 건물 주소를, 1층에는 건물 설명을, 기초에는 리모델링 참여자를 기록했다. 건물 주소는 '번화로 58'이라는 도로명 주소를 사용했는데, '번화로'보다 '58'을 훨씬 크게 강조했다. 도로명은 방향 사인을 통해 쉽게 알 수 있으므로, 숫자를 돋보이게 하는 것이 효과적이라 판단했다.

건물 설명은 한글, 한자, 영어로 작성했다. 제목은 한글과 한자로, 개요는 한글과 영문으로 표기했다. 이는 외국 방문객을 고려한 배려였다. 김태영 교수가 영문 번역을 맡아주었다. "영문까지 필요할까요?"라는 질문에 김 교수는 "외국인에게도 학술적 가치를 전달할 필요가 있다"라고 강조하였다.

리모델링 참여자 공간에는 건축주, 건축설계, 건축시공, 자문교수의 이름을 기록했다. 근대역사문화공간에 속한 건물 중 이러한 기록이 남겨진 사례는 없다. 설계자와 시공자를 명시한 것은 이들의 노력에 대한 감사와 지속적인 관심을 표하기 위함이었다. 자문교수들에게도 작은 방식이지만 감사의 마음을 전하고 싶었다.

흑린각의 안내판은 시간을 기록하고 사람을 기억하게 하는 소중한 매개체가 될 것이다.

흑린각은 개별 등록문화재가 아니기에, 목포시에서 안내판을 설치해 줄 리 없었다. 아마 안내판 설치를 위한 예산 항목조차 없을 것이다. 그래서 직접 설치해야 했다. 흑린각은 정면뿐만 아니라 배면에도 안내판을 부착했다. 번화로를 오가는 사람들이 주로 정면에서 건물을 보겠지만, 배면의 쉼터를 찾는 이들도 건물에 대해 알 수 있도록 하기 위함이었다.

이 건물에 대한 기록은 어디에도 남아 있지 않을 것이다. 그래서 이곳에서라도

58

번 화 로

목포 번화로 58 목조가옥
木浦 繁華路 58 木造家屋

목포 번화로 58번지에 위치한 이층 규모의 본 가옥은 갑자옥 모자점과 함께 1924년 전후 건립되었으며, 1935년 가옥대장 등재, 1958년 배면부 증축, 1965년 화재로 일부 훼손된 채 사용되다가 2022년 8월 31일 리모델링되었다. 일본식 마치야(町家) 형태, 일층 돌출창과 이층 발코니, 탄화된 목재기둥과 보, 회벽마감재와 목재창호 등 가옥의 원형을 최대한 살리고자 하였다.

The two-story wooden house on the 58 Beonhwa-ro of Mokpo was built around 1924, along with the Gapjaok hat store. This house appeared to be listed on the building register in 1935; its rear was extended in 1958; part of the building seemed to be damaged due to a fire in 1965. On August 31, 2022, the historic house was reborn after remodeling, which aimed to revive its historical characteristics not only stemming from its Machiya form (a style of Japanese architecture) but also emanating from carbonized timber columns and beams, awning windows, a balcony, plaster wall finishes, and wooden windows.

건 축 주 : 한 승 훈
준 공 일 : 2022년 8월 31일
건축설계 : ㈜삼정건축사사무소 이형호 · 세움건축사사무소 이주현
건축시공 : ㈜두물문화재 권승필
자문교수 : 김지민 · 정석 · 김태영 · 고기영

흑린각 안내판 디자인

그 이야기를 설명해 주고 싶었다. 가끔 목포에 방문했을 때, 사람들이 쉼터에 서서 안내판을 읽는 모습을 보면 작은 보람을 느끼곤 했다. 흑린각의 이야기가 누군가의 발길을 멈추게 했다는 사실만으로도 충분했다.

그런데 얼마 지나지 않아, 전국적으로 통일된 도로명 주소판이 건물 정면에 덜컥 붙어버렸다. 실망스러웠다. 파란색 바탕에 흰 글씨로 된, 어디서나 볼 수 있는 그 판은 건물주의 의견은 무시한 채, 부착하기 편리한 곳에 아무렇지 않게 설치되었다. 흑린각 같은 근대건축물과는 전혀 어울리지 않는, 너무도 이질적인 모습이었다.

전국에 동일한 도로명 주소판을 설치하는 것이 원칙일 수는 있다. 하지만 문화

(좌)정면부, (우)배면부에 설치된 안내판

재 구역이나 역사적 가치가 있는 건물만큼은 예외가 필요하지 않을까. 전주 한옥마을, 서울 북촌 한옥마을, 서래마을 등은 그 지역의 고유 이미지를 반영한 도로명 주소판을 사용하고 있다. 한옥마을에서는 전통의 느낌을 살린 갈색, 서래마을에서는 프랑스 거리의 이미지와 어울리는 색을 적용했다.

흑린각이 위치한 목포 근대역사문화공간 역시 마찬가지다. 파란색 판이 아니라, 이 지역만의 고유한 색채와 디자인을 담아냈다면 얼마나 좋았을까. 도로명 주소판은 위치를 안내하는 도구에 그치지 않고, 그것은 지역의 문화와 역사, 정체성을 상징하는 매개체다.

목포 근대역사문화공간의 전체 이미지를 고려한 색채와 디자인이 적용되기를 간절히 희망한다. 건물의 가치를 해치지 않는 방식으로, 흑린각의 역사와 공간이 조화롭게 살아 숨쉬기를 바란다.

노렌이 바꾼 시선

일본에 가면 가게 앞에 걸린 노렌暖簾을 쉽게 볼 수 있다. 노렌은 전통 천 장식으로, 상점이나 식당, 전통 가옥의 입구를 장식하는 커튼 형태의 장식이다. 노렌은 상점의 정체성을 드러내고 손님을 환영하는 역할을 한다. 그 천 너머로 스며드는 빛과 그림자는 일본의 전통과 문화를 은은히 비추며, 지나가는 사람의 발길을 머물게 만든다.

노렌은 실용적인 기능과 상징적 의미를 동시에 담고 있다. 방풍과 방한, 햇빛 차단, 프라이버시 보호 같은 실용적 역할을 하며, 가게의 이름과 로고, 상징이 새겨져 그곳의 정체성을 자연스레 알린다. 노렌이 걸려 있으면 '영업 중'임을, 걷어서 들여놓으면 '영업 종료'를 의미하기도 한다. 또한, 전통 문양과 서체를 활용해 상점의 외관을 아름답게 장식하며 전통적인 분위기를 자아낸다.

이처럼 흑린각의 정체성을 드러내고 사람들의 시선을 끌 방법으로 노렌 만한 것이 없다고 판단했다. 노렌은 상호와 상징을 표기하고, 디자인과 색상, 문양을 통해 건물의 특징을 직관적으로 전달한다. 다양한 재료로 제작할 수 있지만, 가장 흔히 사용되는 재료는 천이다.

흑린각에도 노렌을 달기로 했다. 건물 입구, 화장실 입구, 주방 상부에 노렌을 설치하고, 그 위에 흑린각의 로고와 이름을 새겼다. 비록 흑린각이 아직 영업 중인 공간은 아니지만, 건물의 이미지를 표현하고 이름을 알리려는 의도였다. 또한, 단조로운 내부를 장식하고, 공간이 사용되고 있다는 느낌을 주기 위해서였다. 노렌은 건물의 분위기를 살리고 방문객에게 독특한 인상을 남기는 데 탁월한 장식이었다.

그러던 어느 날, 동네에서 식당을 운영하는 한 업주가 내게 진심 어린 충고라며

건물 외부의 노렌과 적용된 로고

노렌을 떼라고 조언하였다. 노렌을 보면 "장사하다가 망한 집처럼 보일 수 있다."라는 것이었다. 그 업주는 관광객들이 지나가며 "이 집은 장사하다가 망했나 봐!"라고 말하는 것을 들었다며 우려를 표했다.

그 반응을 이해하지 못하는 것은 아니다. 노렌이 원래 '영업 중' 임을 알리는 역할을 하기 때문이다. 하지만 흑린각의 노렌은 영업 상태를 나타내기 위해 단 것이 아니다. 그것은 건물의 정체성과 이미지를 전달하고, 흑린각 만의 독특한 매력을 더해주는 장식적 요소였다.

흑린각의 노렌은 공간을 완성하는 중요한 부분이다. 그 속에서 건물의 이야기를 읽고, 새로운 의미를 찾아갈 수 있기를 바란다.

건물 내부의 노렌과 적용된 로고

오래 기억하는 방법

흑린각은 그 독특한 역사적, 문화적, 건축적 가치로 많은 사람들의 기억 속에 오래도록 남을 자격이 있다. 이러한 흑린각을 더 널리 알리고, 방문객들이 그 아름다움과 가치를 간직할 수 있도록 하는 일은 중요하다. 이 과정에서 굿즈는 흑린각의 이야기를 담아내고, 그 경험을 지속적으로 기억하고 공유할 수 있는 매개체가 된다. 다양한 방식으로 제작된 굿즈는 흑린각의 의미를 더욱 풍성하게 전달한다.

책자와 브로슈어는 흑린각의 역사적 가치와 리모델링 과정, 건축적 특징을 깊이 있게 담아낸다. 이 자료들은 방문객들에게 흑린각의 깊은 역사와 문화적 중요성을 이해하도록 돕는 데 중요한 역할을 한다. 종이 위에 기록된 흑린각의 이야기는 시간 속에서도 퇴색하지 않는 메시지를 전한다.

흑린각을 모티브로 한 마그넷, 키 체인, 책갈피는 일상 속에서도 흑린각을 떠올리게 해주는 작은 기념품이다. 손안에 들어오는 이 작은 물건들은 흑린각과의 인연을 계속 이어줄 것이다.

또한, 티셔츠, 모자, 에코백 같은 의류와 액세서리는 흑린각의 상징적 요소를 담아낸다. 이러한 굿즈는 흑린각을 자연스럽게 홍보할 수 있는 강력한 수단이 된다. 특히 에코백은 실용성과 더불어 친환경적 메시지를 전달해 흑린각의 이미지를 더욱 깊이 새길 수 있다.

노트, 펜, 스티커 같은 문구류는 일상 속에서 쉽게 접할 수 있는 물건들로, 흑린각의 이름을 학생들, 여행객들에게 자연스럽게 스며들게 한다. 그저 손길을 따라 펼쳐지는 노트 한 장, 펜 끝에서 흐르는 글씨 속에 흑린각의 이야기가 깃들어 있을 것이다.

또한, 흑린각의 다양한 모습을 담은 사진집은 그 아름다움과 이야기를 시각적으로 전달한다. 리모델링 전후의 변화와 흑린각의 매력을 생생히 담아낸 사진집은 방문객들이 흑린각을 더욱 깊이 이해하고 기억하도록 돕는 매개체가 될 것이다.

더 나아가 흑린각의 건축적 특징을 체험할 수 있는 DIY 키트를 제작하는 것도 흥미로운 방법이다. 미니어처 모델 만들기와 같은 키트는 흑린각의 문화적 가치를 손끝으로 느끼게 한다. 어린이와 학생들에게는 교육적 가치를 더하며, 흑린각의 중요성을 쉽고 재미있게 전달할 수 있는 도구가 될 수 있다.

이렇게 다양한 굿즈는 흑린각의 가치를 사람들에게 더 가깝게 전하고, 그 기억을 오랫동안 간직할 수 있도록 돕는다. 이 모든 노력은 흑린각을 살아 숨 쉬는 유산으로 만드는 밑거름이 될 것이다.

3
기록이 곧 기억이다

건물 속에 남긴 흔적

탄화목을 활용하겠다고 결정했지만, 그 양이 너무 많아 사용하고 남은 탄화목들이 있었다. 그것들을 쓰레기로 버리기에는 너무 아까웠다. 이 탄화목도 하나의 역사적 유산이라 생각했기에 전시용으로 쓰기로 했다. 1965년, 구 갑자옥 모자점의 화재는 2층에서 발생했기에 탄화된 목재 역시 2층에 집중되어 있었다. 리모델링 과정에서도 탄화목은 대부분 2층 천장에 사용되었고, 그 결과 탄화목은 주로 멀리서 바라보는 대상이 되었다.

그러나 탄화목을 가까이서 직접 살펴볼 수 있도록 남은 목재를 1m 길이로 잘라 1층 눈에 잘 띄는 위치에 쌓아두었다. 그럼 보관도 용이할 뿐만 아니라, 방문객이 직접 손으로 만지고 관찰할 수도 있다. 단면과 표면을 가까이서 보며, 탄화된 나무가 실제로 얼마나 견고한지 눈으로 확인할 수 있도록 했다.

화재로 인해 보와 기둥이 검게 그을리긴 했지만, 탄화된 부분은 겉만 얇게 그을렸을 뿐 속은 여전히 단단했다. 탄화부의 두께는 고작 1mm 남짓, 그 안쪽의 나무 속살은 원형 그대로 남아 있었다. 이런 사실을 보여주고 싶었다. 검게 그을린 외형만으로는 쉽게 오해할 수 있지만, 탄화된 목재는 여전히 건축 부재로 문제가 없음을 증명하고 싶었다.

    탄화목을 가까이서 살펴보면, 나무의 속살이 시간과 화염 속에서도 견고함을 유지하고 있음을 알 수 있다. 이 목재는 1930년 이전에 사용된 것이며, 1965년 화재 당시까지도 40여 년을 버텨온 단단한 나무였다. 이 모습이야말로 시간이 남긴 흔적과 기억을 이야기한다. 전시된 탄화목은 화재의 흔적을 기록하고 기억하려는 우리의 의지이기도 하다.

    흑린각은 지난 100여 년 동안 건물의 원형이 유지된 부분, 증축된 부분, 화재 이후 쓰임새가 변한 부분이 공존한다. 이러한 시간의 층위는 건물의 원형과 변화의 흔적을 기록할 필요성을 느끼게 했다. 특히, 2층은 변화가 많았던 공간이었다.

    2층 마루의 중앙에는 과거 벽체가 있었던 흔적이 남아 있다. 최초 건축 영역과 증축 건축 영역 사이에 벽체가 존재했으며, 양측에 있던 원래의 계단과 증축 후 설치된 최근 계단의 위치가 모두 기록될 필요가 있었다. 이를 위해 2층 마루에 사용된 목재의 간격을 달리하여 벽체와 계단이 있던 자리를 표시했다.

    이런 방식으로 2층 마루는 건물의 원형을 보존하면서도 변화의 흔적을 전한다. 이는 흑린각이 겪어온 시간의 흐름과 사용 방식의 변화를 시각적으로 드러내며, 건물을 이해하는 데 중요한 단서가 될 것이다.

가까이서 볼 수 있도록 보관된 탄화목

원형의 흔적(계단과 벽체)

기록하는 작가의 기록

세계 어느 여행지에서든 선물 가게를 둘러보면 빠지지 않는 아이템이 있다. 엽서, 열쇠고리, 마그넷. 그중에서도 가장 쉽게 손에 넣을 수 있는 것은 아마도 엽서일 것이다. 엽서에도 다양한 종류가 있지만, 목포의 서점과 카페에서 흔히 볼 수 있는 작가의 그림엽서가 문득 떠올랐다. 그래서 흑린각을 엽서로 만들어보기로 했다. 그리고 이 작업은 청년 작가의 손을 빌려 이루고 싶었다. 그 작가는 기록을 남기는 사람, 정도운.

"기록하는 작가 정도운. 그는 힙합뮤지션의 삶과 노래, 그 주변의 이슈들에 관심을 두며, 그 속에서 자신의 관심사와 맞닿는 수많은 정보를 발견한다. 그리고 그 인물의 이야기를 텍스트로 기록해 나간다. 그의 작업은 곧 기록의 예술이다."

주로 사람을 그리던 정도운 작가에게 먼저 물었다. "건물도 그릴 수 있을까요?" 그는 잠시 생각하더니 시도해 보겠다고 답했다. 결과물이 훌륭하면 좋겠지만, 그렇지 않아도 상관없었다. 작업 방식은 간단했다. 내가 건물 사진을 보내면 그는 이를 보고 그림을 그리는 방식이었다.

하지만 요청 후 시간이 꽤 흐르도록 아무 소식이 없자 살짝 불안해졌다. 엽서가 완성되면 흑린각의 첫 번째 행사에서 롤링 페이퍼로 활용할 생각이었다. 참가자와 주민들에게 나눠주며 흑린각의 의미를 공유하고자 했다. 서두르지 않기로 마음먹고 기다리던 어느 날, 소식이 왔다. 1층을 그렸다고 했다. 그림이 완성되더라도 엽서로 제작하는 데 시간이 더 필요할 터였다. 그래도 기다리기로 했다. 작가 역시 조급한 마음이었을 것이다. 그리고 기다림 끝에 마침내 그림이 완성되었고, 엽서로 탄생했다.

정도운 작가는 마치 건물을 짓듯이 그림을 그렸다. 1층을 완성한 뒤 2층을 그리고, 마지막으로 지붕을 얹었다. 건물 오른쪽에 있는 안내판까지 세심하게 표현했다. 건축가의 눈으로 보면 비율이 조금 어긋난 듯 보일 수도 있다. 하지만 대부분의 사람들은 그림을 보자마자 이렇게 말했다. "따뜻하네요."

그림 속에는 사람이 느껴졌다. 어떤 이는 2층을 보며 그곳이 글을 쓰는 작가의 창작 공간일 것 같다고 상상했다.

이 그림은 엽서로 만들어 졌고, 이 엽서는 흑린각에서 열린 행사의 롤링 페이퍼로 사용되었다. 누구나 한 번쯤은 롤링 페이퍼에 얽힌 추억이 있을 것이다. 여러 사람이 한 사람에게 마음을 전하며 돌려쓰는 편지지. 그런데 만약 그 종이가 깨끗한 종이가 아니라 의미가 담긴 엽서라면 그 가치는 배가되지 않을까. 흑린각 엽서에 적힌 메시지들은 또 하나의 추억이 되었고, 사람들의 기억 속에 흑린각이라는 공간을 더 깊게 각인시켰다. 이 작은 엽서는 마음을 담는 또 하나의 기록이 된 것이다. 흑린각의 엽서는 사람들에게 공간의 따뜻함과 이야기를 전하고 있다.

흑린각 엽서

책 한 권으로
남기는 기록

흑린각의 이야기를 후대에 전하는 의미 있는 방법 중 하나는 기록이다. 기록은 흑린각의 가치를 체계적으로 보존하며, 많은 사람들이 깊은 의미를 이해하도록 돕는 중요한 작업이다.

가장 기본적인 방법은 '문서화'다. 건물의 리모델링 과정, 주요 행사, 그리고 그 순간마다의 변화를 상세히 기록하는 일은 흑린각의 소중한 시간을 한데 모으는 작업이다. 그 안에는 흑린각이 겪은 모든 이야기가 담긴다. 이러한 기록물은 후대에 전해질 귀중한 자료로 남을 것이다.

사진과 영상은 기록을 더욱 생생하게 만든다. 건물의 외부와 내부를 다양한 각도에서 담아낸 사진들은 시간의 흐름과 변화를 한눈에 보여준다. 흑린각의 변천사를 시각적으로 이해하게 하는 강력한 도구가 된다.

더불어 흑린각의 역사적 가치와 건축적 특징을 담아낸 책자나 브로슈어를 제작해 배포하는 일은 그 가치를 널리 알리는 데 효과적이다. 이러한 자료는 흑린각의 이야기를 학문적 영역으로 확장시키며, 관련 연구를 논문으로 작성해 학술지에 게재하면 학문적 가치를 더할 수 있다.

전시는 또 다른 강력한 매개체다. 흑린각과 관련된 사진, 문서, 그리고 그 흔적들을 모아 전시함으로써, 방문객들이 흑린각의 역사와 문화를 직접 체험하고 느낄 수 있도록 한다. 이 과정은 흑린각이 품은 시간과 감정을 시각적으로 전달하는 특별한 경험이 된다.

이 책을 쓰는 이유도 바로 여기에 있다. 이 기록이 곧 흑린각의 시간을 잇는 다리가 될 것이기에.

4
공간이 문화를 만든다

흑린각은 상업적 공간에만 머물기를 거부한다. 모임, 강연, 공연, 전시, 토론, 학습까지, 그 가능성은 끝없이 확장될 수 있다. 비록 공간이 협소해 대규모 행사는 어려울지라도, 작은 규모의 소박한 행사는 충분히 가능하다. 무엇보다 흑린각에 얽힌 이야기를 담은 책이 완성되면 작은 전시회부터 열고 싶다.

**추억을
선물하는 공간**

첫 번째 행사로 무엇을 하면 좋을까 고민하다가, 건물의 역사적 의미와 닮은 환갑파티를 떠올렸다. 인생에서의 '환갑'과 근대건축의 '복원'은 공통적으로 과거의 가치를 존중하고 새로운 시작을 응원하는 상징적 의미를 지닌다.

환갑은 60년간의 삶을 기념하고, 새로운 주기의 시작을 알리는 특별한 시점이다. 마찬가지로, 근대건축물의 복원은 역사적 가치를 재발견하고 현대적 생명력을 부여하는 과정이다. 두 가지 모두 과거의 유산을 존중하면서도 미래를 준비한다는 점에서 의미가 깊다.

100년 된 건축물에서 환갑파티를 연다는 것은 과거와 현재, 그리고 미래를 잇는 특별한 경험이 된다. 이는 인생의 선배들이 지나온 시대와 그들의 삶을 되새기고, 그들의 유산을 기억하며, 미래 세대가 그 가치를 이어받을 기회다.

환갑은 인생 이모작을 시작하는 지점이다. 한 바퀴 돌아온 육십갑자의 끝에서, 지나온 여정을 정리하고 새로운 목표를 향해 나아가는 전환점이다. 그 의미가 결코 가볍지 않다.

은퇴 후 새로운 삶을 준비하는 사람들에게 환갑의 참된 가치를 되새기며, 그 여정을 축하하고 응원하고 싶었다. 지금까지 누구보다 치열하게 살아온 그들, 고된 시간을 견뎌온 그들과 함께, 모두의 환갑을 축하하는 파티를 열고 싶었다. 흑린각은 그들에게 추억을 선물하고, 새로운 시작을 응원하는 공간이 될 것이다.

흑린각에서 열린 환갑파티는 한 사람을 위한 축하의 자리가 아니었다. 이 파티는 '지역과 함께, 청년과 함께, 모두의 파티'라는 콘셉트로, 공동체 전체가 참여하고 즐길 수 있는 장으로 기획되었다. 대도시를 떠나 지방 도시인 목포에서, 청년들이 떠난 그 자리를 지키는 이들과 함께 만들어간 이 행사는 지역과 세대를 잇는 축제였다.

'지역과 함께'라는 메시지는 마을 주민, 지역 상인, 공공 기관 등 다양한 구성원의 협력을 바탕으로 한다. 이 행사는 지역 사회의 연대감을 강화하고, 주민들 간의 소통과 친목을 도모하는 자리였다. 파티에서는 지역의 고유한 문화와 전통을 반영했다. 특산물과 전통 음식, 그리고 지역 공연 등이 포함되어 지역 주민들이 자신의 문화를 자랑하는 장이 된다. 동시에 지역 상권과 연계하여 지역 경제의 활성화에도 기여한다. 흑린각은 이렇게 마을 전체의 잔치가 되었다.

'청년과 함께'는 젊은 세대의 창의적인 에너지로 흑린각에 활기를 더하는 요소였다. 청년들은 기획부터 준비, 진행까지 모든 과정에 적극적으로 참여했다. 그들의 신선한 아이디어와 열정은 행사를 더욱 다채롭고 흥미롭게 만들었다. 이 자리에서 청년들은 어른들의 인생 이야기를 들으며 지혜를 배웠고, 어른들은 청년들의 에너지와 열정 속에서 새로운 활력을 얻었다. 자원봉사자로 참여한 청년들은 사회 공헌과 공동체 의식을 몸소 실천하며, 자신들의 역할을 통해 지역과 세대를 연결하는 가교가 되었다.

이 환갑파티는 특정 개인을 위한 행사가 아니었다. '모두의 환갑파티'는 공동체 전체를 위한 것이었다. 세대와 계층을 초월하여 모두가 함께 어울릴 수 있는 자리로, 서로 교류하고 협력하며 화합과 유대감을 다졌다. 현대적으로 재해석된 이 파티는 공동체의 결속을 높이며, 미래로 이어질 지속 가능한 문화적 전통이 될 가능성을 보여주었다.

흑린각에서의 환갑파티는 과거와 현재, 그리고 미래를 잇는 우리들의 소중한 기억으로 남을 것이다.

흑린각에서 열린 환갑파티

흑린각에서 열린 환갑파티는 '목포에서 놀고, 먹고, 자는 프로그램'이라는 독특한 콘셉트 아래 지역 경제를 활성화하고 사회적 교류를 촉진하기 위해 기획되었다. 이 프로그램은 목포역에서 시작하여, 목포의 젊은이들이 직접 안내하며, 목포에서 생산된 음식을 즐기고, 지역의 게스트 하우스에서 숙박하는 일정으로 구성되었다.

목포역은 목포의 관문이자 원도심으로 가는 첫걸음이다. 기차를 타고 목포에 도착한 참여자들은 도시의 역사와 문화를 느끼며 여정을 시작한다. 목포의 역사적 맥락을 소개하는 과정은 목포의 매력을 보다 깊이 이해하게 한다. 특히 목포에서 활동하는 젊은이들이 직접 가이드로 나선다는 점이 이 프로그램의 백미였다. 그들은 지역의 숨겨진 명소와 최신 트렌드를 생동감 넘치는 설명으로 전달하며, 목포의 진정성을 여행자들에게 전했다.

음식은 그 지역의 문화를 가장 직관적으로 느낄 수 있는 매개체다. 목포에서 생산된 신선한 농산물과 해산물로 만든 요리는 지역의 풍미를 경험할 기회를 제공했다. 이러한 미식 체험은 목포의 농민과 어민들에게 경제적 혜택을 주며, 지역 생산품에 대한 관심을 높이는 계기가 되었다.

목포의 게스트 하우스는 지역 주민과의 소통 공간이었다. 대형 호텔과 달리 지역 주민의 정감 어린 환대가 있는 이곳은 목포의 생활 문화를 체험할 수 있는 기회였다. 숙박은 지역 경제에 긍정적 영향을 미치는 의미 있는 선택이었다.

메인 행사장인 흑린각에서는 전시, 공연, 수다, 다과 등 다채로운 프로그램이 진행되었다. 행사장은 20명의 환갑파티 주인공이 돋보일 수 있도록 간결한 디자인으로 꾸며졌다. 장식물은 현수막과 풍선뿐이었지만, 그 속에 담긴 의미는 깊었다. 풍선 장식은 '반짝반짝 청춘'을 상징하는 반짝이와 분홍색으로 소박하면서도 따뜻한 분위기를 더했다. 이는 과거의 삶을 기념하며 앞으로의 시간을 응원하는 메시지를 담고 있었다. 1층 돌출 창에 달린 광목천 현수막에는 왼쪽에 '환갑-전주고 58', 오른쪽에 '재생-번화로 58'이 적혀 있었다. 숫자와 의미, 그리고 운율이 완벽하게 맞아떨어져 건물의 대칭성과 어우러졌다.

1층에서는 환갑파티 주인공들의 공연이 시작되었다. 음악을 연주하는 이, 춤추는 이, 사진을 전시한 이, 시를 낭송하는 이, 그리고 입담 좋은 이의 인생 이야기가 이어졌다. 그들의 무대는 마치 인생의 축소판이었다. 관객들은 고개를 끄덕이며, 때로는 웃고, 때로는 눈시울을 붉혔다.

2층은 또 다른 공간으로 꾸며졌다. 비어 있던 벽면에는 추억의 흔적들로 채웠다. 고등학교 시절 찍었던 목포 수학여행 사진들을 가져오게 해서 전시했다. 이들에게 목포는 이번이 처음이 아니다. 이미 추억이 서린 장소였다. 고등학교 시절, 제주도로 떠나는 배를 타기 위해 목포에 들렀다. 그들은 배에 오르기 전 유달산에 올라 목포를 둘러보며 찍은 사진들을 다시 꺼내 놓았다. 사진 한 장 한 장이 과거를 소환하며 잊었던 순간을 생생하게 되살렸다.

한쪽에는 흑린각의 시간도 전시되었다. 1930년대 원형 사진, 2019년의 현황 사진, 그리고 2022년 준공 사진이 나란히 걸렸다. 흑린각이 겪어온 시간의 흐름을 한눈에 볼 수 있는 전시였다. 정도운 작가가 그린 흑린각 그림도 함께 자리해, 관객들에게 또 다른 감동을 주었다.

마지막 순서로는 정도운 작가의 그림으로 만든 엽서를 활용해 롤링 페이퍼를 쓰는 시간을 가졌다. 사람들은 엽서 위에 서로를 위한 따뜻한 말을 남겼.

"한 개의 기쁨이 천 개의 슬픔을 이긴다"는 말처럼, 오늘 하루의 기쁨이 미래의 천 개 슬픔을 이겨내는 힘이 되기를 바랐다.

행사 음식은 '지산지소형 캐이터링'으로 준비되었다. 지산지소地産地消는 지역에서 생산된 농산물을 지역에서 소비하는 개념으로, 목포의 식자재 자급률 90% 이상을 목표로 했다. 이번 행사를 위해 목포를 대표하는 현재의 목포 9미九味를 새롭게 해석한 요리를 선보였다.

홍어삼합, 민어회, 민어전, 떡갈비, 갑오징어 튀김, 낙지와 육회, 전복찜, 화과자, 시루떡, 피시테리(목포 근해에서 잡히는 생선을 염장, 훈연, 발효, 건조 등의 다양한 샤퀴테리 가공법을 활용해 만들어낸 새로운 수산 가공품), 건어물, 과일, 목포 맥주, 보해 소주 등 다양한 음식이 차려졌다. 목포의 신선한 재료와 요리법이 돋보이는 메뉴들은 그 자체로 목포의 자연과 문화를 담아냈다.

그 음식들은 지난여름의 바다, 가을의 햇살, 겨울의 바람이 모두 담긴 목포의 재료들이었다. 이는 목포 사람들의 삶과 자연을 느낄 수 있는 특별한 여행이었다. 그 음식 한 접시에 담긴 목포의 시간과 정성은, 이곳에 모인 모두를 더욱 깊은 공감의 자리로 이끌었다.

2022년 목포 근대역사문화공간과 구도심에는 호텔이 없었다. 그래서 20명이 한번에 머무를 수 있는 게스트 하우스를 찾는 일은 쉽지 않았다. 그나마 우리는 가장

환갑파티 음식(목포 9미)

많은 방을 보유하고 있는 '1897 건맥스테이'를 선택했다. 이곳은 숙박 시설을 넘어 특별한 의미를 지닌 공간이었다.

1층에 자리한 '1897 건맥펍'과 함께 운영되는 건맥스테이는 그 자체로 하나의 작은 마을과 같았다. 건맥스테이와 건맥펍은 140여 명의 마을 주민들이 공동으로 소유하고 운영하는 협동조합이다. 이러한 운영 방식은 지역 사회의 연대감과 협력 정신을 보여주며, 주민들이 스스로 지역 경제의 주체가 되는 모델을 제시한다.

이번 행사를 기록으로 남기기로 했다. 기록은 기억보다 강하다. 시간이 흐를수록 감동은 희미해지고, 무엇을 해도 그리 행복하지 않을 수 있지만, 먼 훗날 이 날의 기록이 힘이 되길 바란다. 추억은 삶을 지탱하는 또 하나의 축이 될 수 있으니까.

행사의 주인공은 60세의 환갑을 맞은 이들이었지만, 행사를 움직이는 동력은 청년들이었다. 목포 안내를 맡은 팀, 행사 영상을 촬영하는 팀, 메인 행사를 진행하는 팀, 음식 준비를 돕는 팀 모두가 청년이었다. 엽서 속 흑린각 그림을 그린 정도운 작가 역시 청년이었다. 이 행사를 통해 청년들에게 새로운 기회를 제공하고, 그들이 지역 사회와 함께 성장할 수 있는 발판이 되길 바랐다. 청년들이 인생 선배들을 만나고, 그들의 이야기를 통해 지혜를 배울 수 있는 자리. "내가 알고 있는 걸 당신도 알게 된다면"이라는 말처럼, 환갑의 경험과 깨달음이 그들에게도 전해지길 바랐다.

이번 환갑파티는 흑린각을 추억의 장소로 자리 잡게 하고, 목포를 다시 찾고 싶게 만드는 계기가 되었다. 이를 통해 목포에 다양한 행사를 유치하고, 지역 경제를 순환시킬 가능성을 엿볼 수 있었다. 이 행사가 지역의 문화 기획자들에게 작은 영감이 되길 희망한다.

흑린각에서 열린 이 환갑파티는 지역과 세대를 아우르는 기억의 축제로 자리매김했다. 혼자가 아닌 여럿이, 하나가 아닌 전체가, 건물이 아닌 마을이 함께 참여하는 행사. 흑린각은 문화를 창조하고 연결하는 공간의 역할을 다할 것이다.

문화를 교류하는 공간

목포대 서동천 교수에게 흑림각을 소개하고 싶었다. 그러던 어느 날, 서 교수와 흑림각을 둘러보던 중 그는 뜻밖의 제안을 했다. "한국건축역사학회 2022년 추계학술대회가 목포에서 열리는데, 흑림각을 학술대회 장소로 사용할 수 있을까요?" 망설일 이유가 없었다. 그 자리에서 흔쾌히 승낙했다.

'2022 한국건축역사학회 추계학술발표대회'는 목포대학교와 목포 근대역사문화공간에서 개최되었다. 첫날, 학술대회는 근대를 주제로 한 발표들로 채워졌고, 발표 장소는 구舊 호남은행 목포지점을 비롯한 다섯 개의 근대건축유산이었다. 그 중 하나가 바로 흑림각이었다. 흑림각은 한국건축역사학회와 근대라는 주제에 어울리는 장소였다.

목포 근대역사문화공간은 한국 근대사의 중요한 흔적이 서린 장소다. 일제강점기의 흔적과 해방 이후의 역사적 사건들이 얽혀 있는 이곳은, 그 자체로 시간의 층을 간직하고 있다. 이런 공간에서 학술대회가 열렸다는 것은 발표 주제인 '근대'를 역사적 맥락 속에서 깊이 이해할 수 있게 해주는 귀한 기회였다. 구 호남은행 목포지점에서 시작해 흑림각으로 이어진 발표들은, 근대건축물의 역사적 가치와 그 보존의 필요성을 새롭게 조명했다. 근대건축물들이 유적지가 아니라, 살아있는 역사의 일부임을 다시금 깨닫게 해주는 순간이었다.

근대건축물에서 학술대회를 개최하는 것은 그 자체로 문화유산의 새로운 가능성을 여는 일이다. 이런 공간이 과거의 흔적으로만 남아 있는 것이 아니라, 지금도 활발히 활용되고 있는 문화공간임을 알리는 강력한 메시지가 되었다. 학자들은 물론, 목포를 처음 방문한 이들조차 흑림각과 근대역사문화공간에 감탄하며, 문화유산의 실존적 가치를 몸소 체감했다.

이 학술대회는 학문적 논의로 그치지 않았다. 목포라는 도시가 가진 매력을 알리는 계기이자, 지역 경제를 촉진하는 기회가 되었다. 많은 학자와 참석자들이 목포를 방문하며, 숙박과 식음료, 교통 등이 활기를 띠었다. 이런 움직임은 목포가 문화와 역사적 가치를 기반으로 한 관광지로 자리매김하는 데 밑거름이 될 것이다.

흑린각은 이번 학술대회를 통해 또 한 번 목포 근대역사문화공간의 중심으로 자리 잡았다. 건물에서는 시간이 남긴 이야기로 가득했고, 그 안에서 논의된 주제들은 목포의 과거와 현재를 연결하며, 미래를 열어가는 대화로 이어졌다.

"이번 추계학술발표대회는 근대건축유산에서 관련 연구를 발표함으로써, 근대건축의 가치와 의미를 환기하고, 건축유산의 보존과 활용에 대해 함께 생각해 보는 중요한 기회가 될 것으로 기대된다."

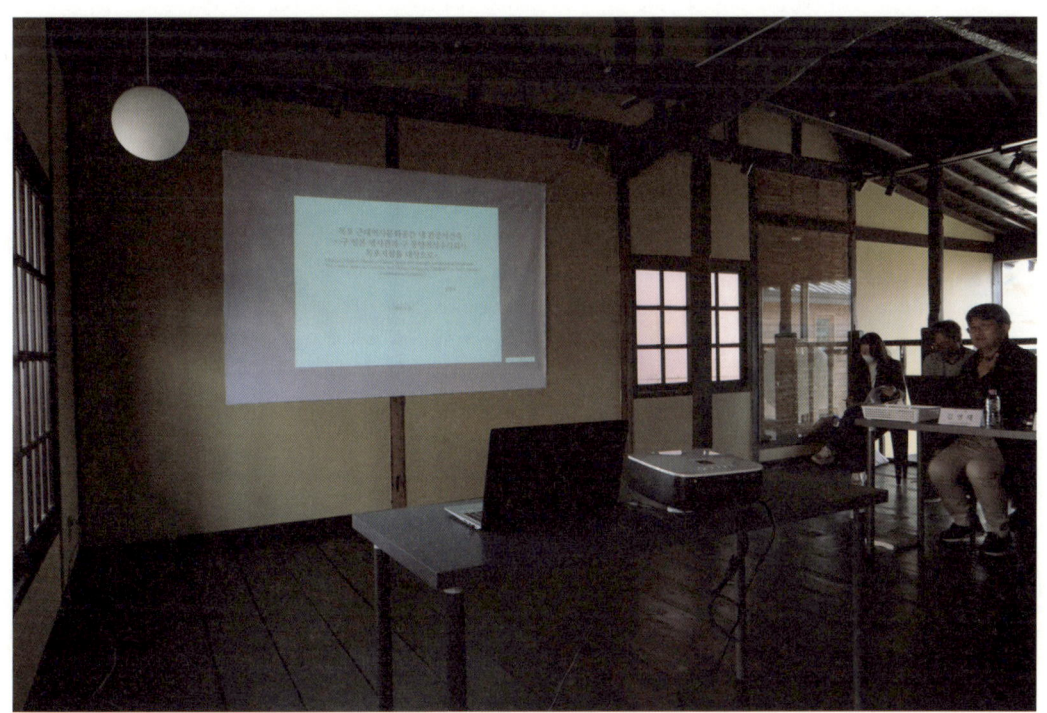

흑린각 2층에서 열린 '한국건축역사학회 2022년 추계학술대회' 발표 모습

이 취지에 맞춰 '흑린각'에 대한 발표도 이루어졌다. 발표 주제는 '근대건축물 보존을 위한 리모델링 방향-흑린각(목포시 번화로 58)을 사례로'였다. 발표에서는 흑린각의 리모델링 과정과 방향을 설명하며, 근대역사경관과 근대건축물의 보존을 위한 원형복원의 중요성을 강조했다.

흑린각에 대한 관심은 뜨거웠다. 참석자들은 흑린각의 독창성과 보존 철학에 관심을 가졌고, 발표 후에도 끊임없이 질문이 이어졌다. 흑린각이 근대와 현대를 연결하는 역할을 하고 있다는 점이 많은 이들의 공감을 불러일으켰다.

발표 장소를 두고 고민이 많았다. 1층이 적합할까, 아니면 2층이 좋을까? 빔프로젝터의 투영 위치와 화면 구성은 어떻게 해야 할까? 이는 흑린각이 세미나와 같은 학술적 공간으로 활용될 수 있을지를 탐구하는 실험이기도 했다.

이날의 학술대회는 흑린각이 문화와 역사의 교류 공간으로 자리 잡는 데 중요한 역할을 했다. 흑린각에서의 발표와 토론은 근대건축의 보존과 활용 가능성을 새로운 시각으로 탐구하는 계기가 되었고, 목포의 역사와 문화가 더 널리 알려질 기회를 열어주었다.

흑린각은 근대건축이 지닌 가치와 가능성을 직접 체험하고 논의하는 특별한 장이었다. 이곳에서 나눈 대화와 아이디어는 근대건축물 보존의 미래를 밝히는 밑거름이 될 것이다.

5
가장 목포다운 경관 만들기

**목포다움을
파는 공간**

리모델링을 결심했을 때, 건물의 구체적인 용도를 정하지 않았다. 게스트 하우스 같은 숙박시설은 적합하지 않다고 판단했고, 그 외의 다양한 가능성을 염두에 두고 설계를 진행했다. 많은 이들이 흑린각의 활용 계획을 물었지만, 명확한 답을 내놓지 못했다. 다만 한 가지 분명한 점은, 목포 근대역사문화공간의 가치 있는 장소들과 연결해 역사경관을 보존하며, 지역 특성을 살린 활용 방안을 마련하는 것이다.

흑린각을 활용하는 데 있어 내가 세운 원칙은 단순하다. '목포다운 공간'으로 만드는 것. 흑린각이 목포의 고유한 정체성을 체험할 수 있는 장소로 자리 잡기를 바란다. 목포는 일제강점기부터 현재에 이르기까지 수많은 역사적 사건과 문화적 변화를 겪어온 도시다. 그 과정에서 쌓인 풍부한 문화유산은 이 도시만의 독특한 매력을 형성한다.

목포다움을 느낄 수 있는 공간. 그것은 목포의 과거와 현재를 동시에 체험할 수 있는 유적지와 문화재, 그리고 생활의 흔적이 담긴 곳을 뜻한다. 목포다움을 파는 공간. 여기서는 목포의 전통과 고유한 특색이 담긴 경험을 제공한다. 낙지, 홍어 같은 해산물부터 전통 공예품과 기념품에 이르기까지, 목포만의 색채를 담은 것들을 체험하고 구매할 수 있는 장소를 지향한다.

물론, 흑린각의 활용 방안에 대한 고민은 앞으로도 계속될 것이다. 누군가는 "스타벅스가 들어오면 좋겠다"고 말하고, 다른 누군가는 "스타벅스는 절대 안 된다"고 강하게 반대한다. 나는 대형 프랜차이즈가 들어오는 것을 반대하는 입장이다. 대형 브랜드가 들어오면, 이 거리를 이루는 작은 상점들의 독특한 맥락이 무너지기 때문이다.

만약 커피숍이 들어온다면, 나는 '프릳츠 커피' 같은 감성적이고 독창적인 브랜드가 흑린각의 이미지와 잘 어울린다고는 생각하지만, 인근 '김은주 화과자'와 연계해 양갱과 차를 판매하거나, 목포의 역사를 품고 있는 '코롬방제과점'처럼 지역성과 정체성이 뚜렷한 가게가 들어오기를 바란다. 이런 사용 목적에 맞는 사람에게 공간을 임대하고 싶다.

다만 한 가지는 확고하다. 건물 외관은 반드시 원형을 유지해야 한다. 간판조차도 흑린각의 옛 모습이 담긴 사진처럼 전통적인 방식으로 달려야 한다. 흑린각은 그저 뻔한 상업 공간에 그치지 않고, 목포의 역사와 문화를 담아내는 살아있는 장소로 남아야 하기 때문이다.

흑린각은 '목포 근대역사문화공간' 내의 근대문화자원과 자연스럽게 연계되어야 하며, 주변 가로경관과도 조화를 이루어야 한다. 흑린각과 인접한 구 갑자옥 모자점과 구 야마하 선외기는 2023년 7월, 근대역사문화의 상징성과 지역 정체성을 살려 모자를 주제로 한 복합문화공간, '목포 모자 아트갤러리'로 새롭게 개관했다. 이에 따라 흑린각의 용도 역시 '목포 모자 아트갤러리'와 뒤편의 '쉼터'를 고려해 결정해야 할 것이다. 모자 아트갤러리 관람이나 체험 후 쉼터에서 휴식을 취하는 방문객들에게 필요한 물품을 판매하거나, 이곳을 주변 공간 활성화의 중심으로 삼는 방안을 모색해야 한다.

흑린각이 지닌 역사적 맥락을 활용하는 것도 의미 있는 방향이다. 이 거리는 일제강점기 당시 찻집으로 명성을 떨친 장소들이 남아 있어 그 장소성을 계승하고 있다. 이런 시각에서 흑린각 역시 과거 모자와 메리야스를 팔았던 이력을 살려 모자 판매점으로 활용할 수 있다. 이는 구 갑자옥 모자점보다 먼저 모자를 팔았던 흑린각의 역사적 우위를 드러낼 수 있는 기회다. 또 과거 명신당과 비디오 가게가 있던 자리를 활용해 장식품이나 디자인 소품을 판매하는 것도 적합할 것이다.

또 다른 가능성은 흑린각을 근대역사문화공간의 거점 시설로 삼는 것이다. 목포시는 근대역사문화공간 내 자원을 활용해 다양한 탐방 동선을 계획하고 있다. 이러한 동선에는 외부 문화재와 주요 단위 건물이 포함되며, 거점 시설을 중심으로

목포 근대역사문화공간 내 탐방 코스 계획에서 거점과 연계된 흑린각

한 탐방이 큰 역할을 한다. 특히 구 갑자옥 모자점은 근대 상업거리의 중심부에 위치해 있으며, '목포 근현대생활사 탐방'이나 '다크투어(역사적으로 어두운 사건이나 재난, 재해 등이 발생한 장소를 여행하는 관광, 역사 교훈 여행) 탐방' 코스와 연결된다. 이러한 탐방 동선과 흑린각을 연계하면 역사자원과 관광 콘텐츠 간의 시너지 효과를 극대화할 수 있다. 야간 활용을 위한 조명 계획까지 더해진다면, 흑린각은 탐방의 중심이자 역사적 체험의 거점으로 자리매김할 것이다.

흑린각은 이 같은 다양한 활용 방안을 통해 목포다움을 알리는 상징적 공간이 될 것이다. 이곳에서 방문객들은 목포의 고유한 역사와 문화를 온전히 체험할 수 있고, 흑린각은 목포의 진정한 매력을 전달하며 도시의 정체성을 새롭게 쓰는 중심지가 될 것이다.

목포다움을 위한 협정

흑린각을 진정한 목포다운 공간으로 만들기 위해서는 무엇보다도 지역 주민들의 인식 변화가 필수적이다. 일례로 일본 가나자와 시의 전통적 건조물군 보존지구인 '히가시 차야 거리 ひがし茶屋街'는 이와 같은 점에서 좋은 사례가 된다. 이곳에서는 '히가시야마 히가시 지구 마치즈쿠리 협정'을 통해 마을 만들기의 목표와 방침을 명확히 정하고, 용도, 건축물 형태, 토지 이용 등에 대해 엄격한 규제를 시행하고 있다. 특히 눈여겨볼 부분은 '판매상품의 제한'이다. 가나자와의 전통과 연관된 공예품만 판매하도록 규정하며, 주민들은 이를 철저히 준수하고 있다.

히가시 차야 거리에는 공예품점, 찻집, 음식점, 술집 등이 자리 잡고 있으며, 이곳에서 판매되는 상품은 모두 가나자와의 정체성을 대변한다. 칠기, 도자기, 금박과 같은 전통 공예품이 대표적이다. 금박을 입힌 카스텔라와 아이스크림 같은 상품들은 가나자와의 독창성을 드러내며 관광객의 마음을 사로잡는다. 이 원칙은 수십 년이 지난 지금도 변함없이 유지되고 있다.

히가시 차야 거리의 가로

히가시 차야 거리에서 판매하는 상품

한편, 전주시는 한옥마을 활성화를 위해 음식 품목과 건물 층수 제한을 일부 완화하려는 방안을 발표했다. 기존에는 전통 음식만 판매하도록 규정되어 있었지만, 이를 일식, 중식, 양식으로 확대하려는 계획이다. 다만, 냄새가 강한 꼬치구이 판매는 여전히 금지한다는 방침이다. 또한, 프랜차이즈 커피숍, 제과점, 제빵점에 대한 제한은 유지한다. 전주시 관계자는 "최근 관광 트렌드가 음식 체험 중심으로 변화하고 있어, 전통 음식만으로는 경쟁력을 유지하기 어렵다고 판단했다"라며, "프랜차이즈 규제는 지나친 상업화와 정체성 훼손을 막기 위한 조처"라고 설명했다.

가나자와 시의 히가시 차야 거리가 관광객들에게 꾸준히 사랑받는 이유는 지역 정체성을 철저히 보존하고 계승하고 있기 때문이다. 전주 한옥마을 역시 정체성을 지키기 위해 고민이 필요하다. 그렇다면, 목포 근대역사문화공간은 어떠한 방향을 택해야 할까?

목포 근대역사문화공간은 아직 이제 막 첫걸음을 뗀 단계다. 이 시점에서 목포의 정체성을 정의하고 이를 기반으로 한 활용 방안을 모색하는 일이 무엇보다 중요하다. 목포의 고유한 역사와 문화를 어떻게 보존하고 발전시킬 것인지, 그 방향을 정립할 때다. 흑린각은 그 여정의 중심에 서 있다.

목포 근대역사문화공간이 진정으로 목포다운 장소로 자리 잡기 위해서는 주민협정이 필수적이다. 이 공간에서 상행위를 하거나 상품을 판매하는 모든 이들이 같은 비전을 공유하면 좋겠지만, 현실적으로 그렇지 않을 수도 있다. 주변의 문화재와 자연스럽게 연계하여 공간을 활용하거나, 과거의 전통을 계승하는 방식이라면 이상적이겠지만, 각자의 이해관계와 우선순위가 다를 수밖에 없다. 따라서 모두에게 공공성을 강요할 수는 없다. 하지만 다양한 업종이 들어서면서도 공동의 방향성과 지향점을 설정하는 것은 반드시 필요하다.

공공 영역에서는 문화적 가치를 중심으로 공적인 활용을 우선하고, 민간에서는 상업적 활동을 통해 경제적 자생력을 갖추되, 목포다운 공간이라는 목표 아래 함께 나아가기를 희망한다.

그렇기에 주민협정은 선택이 아니라 필연적 과제다. 주민들이 자발적으로 목포의 역사와 문화를 보존하고 이를 바탕으로 경제적 가치를 창출할 수 있도록 유도해야 한다. 이러한 과정을 통해 목포 근대역사문화공간은 뻔한 관광지가 아닌, 지역 주민들과 함께 호흡하는 생명력 있는 공간으로 발전할 것이다.

협정에는 목포의 정체성을 지키기 위한 구체적인 지침이 포함되어야 한다. 예를 들어, 목포와 연관된 상품만을 판매하도록 규정하고, 전통과 현대가 자연스럽게 어우러지는 디자인을 유지하며, 지역 특산품과 전통 음식을 중심으로 상업 활동을 전개하는 방침 등을 담아야 한다.

이러한 협정은 규제를 위한 것이 아니라, 목포의 고유한 정체성을 유지하면서도 지역 경제를 활성화하는 방법이다. 주민들의 자발적인 협력과 참여가 뒷받침된다면, 목포 근대역사문화공간은 시간이 흘러도 그 가치를 잃지 않고, 지역 사회와 함께 살아 숨 쉬는 공간으로 자리 잡을 것이다.

목포다운 복원 절차

흑린각의 리모델링 과정에서 가장 큰 걸림돌은 필요한 정보를 하나하나 찾아야 한다는 점이었다. 근대건축 리모델링은 절차와 범위, 방법, 관련 계획, 그리고 자료를 깊이 이해해야 하는 복잡한 작업이었다. 전문적인 용어와 복잡한 절차는 비전문가가 쉽게 접근하기 어려웠다.

일본 가나자와 시의 전통 건축물 보존 지구인 히가시 차야 거리에서는 리모델링 지원 대상과 절차, 그리고 세부 내용을 명확히 제시하는 가이드라인을 제공한다.

이 가이드라인은 전통 건축의 외관 복원과 내부 개선을 위한 기둥, 창, 기초 등 주요 구조부 보수에 필요한 내용을 상세히 설명하며, 전통 건축의 재생과 활용을 촉진한다. 이러한 제도는 매우 인상적이었다.

반면, 목포시에서는 '목포 근대역사문화공간 경관 보존 가이드라인'이라는 두꺼운 책자를 건네주었다. 그러나 이 책자는 모든 내용을 꼼꼼히 읽어도 이해하기 어려웠다. 전문적인 서술 방식은 일반인들에게 접근조차 쉽지 않은 장벽이었다. 근대 건축 리모델링에 처음 도전하는 사람들에게는 중요한 원칙을 간단명료하게 전달하는 간편 가이드북이 절실하다.

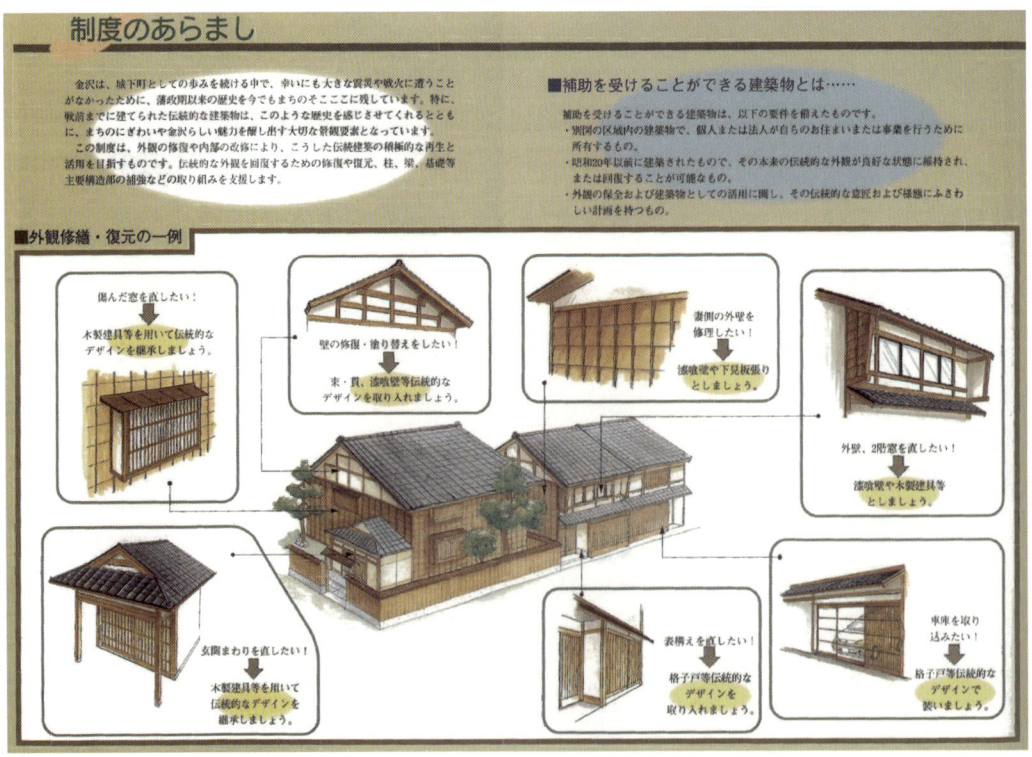

일본 가나자와 시의 히가시 차야 거리 개선 가이드라인

또한, 리모델링 절차를 시각적으로 정리한 자료도 필요하다. 절차와 가이드라인을 한눈에 볼 수 있도록 정리된 도표나 인포그래픽은 일반인들이 리모델링 과정에서 길을 잃지 않게 돕는 나침반 같은 역할을 할 것이다. 이런 자료는 리모델링을 계획하는 사람들에게 실질적인 도움을 제공하며, 시간을 절약하고 불필요한 혼란을 줄여줄 것이다.

이제는 복잡한 문서가 아니라, 누구나 쉽게 이해하고 실행할 수 있는 실용적이고 체계적인 지침이 필요한 때다. 흑린각의 리모델링이 성공적으로 완수되기 위해서는 이러한 노력이 반드시 뒷받침되어야 한다.

목포다움을 지키는 민원

목포 근대건축물의 주인이 된 이후, 근대역사문화공간에 대한 관심이 자연스레 깊어지면서 여러 문제들이 눈에 띄기 시작했다. 그중 가장 심각한 문제는 흡연이었다. 흑린각을 방문할 때마다 2층에서 내려다보이는 쉼터와 거리 곳곳에서 담배를 피우는 사람들, 그리고 그들이 남긴 담배꽁초가 눈에 들어왔다. 문제는 담배 연기로 인한 불편함이 아니었다. 이곳은 목조 건축물이 밀집한 지역으로, 화재 위험이 너무도 커 보였다. 더는 지체할 수 없다는 생각에 민원을 제기했다.

먼저, 목조 건물의 화재 위험에 대해 경고했다.

"목포 근대역사문화공간을 안전하고 가치 있는 공간으로 만들기 위해 아래의 사항을 검토해 주시길 바랍니다. 2023년 3월, 전남 목포시 해안로 229번길 20에 쉼터가 조성되었습니다. 아직 모자 아트갤러리가 개관 전이라 이용자가 많지는 않지만, 최근 쉼터가 흡연 장소로 사용되고 있음을 목격했습니다. 특히 한낮에는 그늘막 아래에서 담배를 피우는 사람도 있습니다. 문제는 이곳이 나무로 리모델링된 구 야마하 선외기 건물과 인접해 있어, 담배꽁초로 인한 화재 위험이 매우 크다는 점입니다. 1965년 갑자옥 화재의 교훈을 떠올리며, 쉼터 내 금연은 반드시 시행되어야 하며, 처벌 규정과 금연 안내판 설치가 필요합니다."

이어 쉼터의 안전 문제도 지적했다.

"이 쉼터는 폐쇄형 담장과 펜스로 둘러싸여 있어 야간 범죄에 노출될 가능성이 큽니다. 인접한 건축물에서 시야가 차단되고, 도로에서도 후미진 곳에 위치해 있어 감시가 어려운 환경입니다. 이곳은 청소년들의 일탈 장소로 악용될 소지가 있습니다. 최소한 CCTV를 설치하고, 자연 감시가 가능하도록 환경을 조성해야 합니다. 특히 목포 근대역사문화공간 내 목조 건물은 화재에 극도로 취약하기에 근대역사문화공간 전체를 금연 구역으로 지정하는 것이 절실합니다."

민원을 접수한 지 두 달 후, 쉼터에는 금연 표지판이 설치되고 CCTV도 마련되었다. 민원은 목포 근대역사문화공간을 보호하는 중요한 수단이 될 수 있다. 민원은 개인의 불편함을 호소하는 것이 아니라, 행정기관이 미처 보지 못한 문제를 제기하고 개선을 촉구하는 긍정적인 역할을 한다. 행정기관이 민원 발생 이전에 이러

쉼터에 설치된 금연 구역 사인물

한 문제들을 선제적으로 해결하면 더할 나위 없겠지만, 현실적으로는 민원이 하나의 대안이 될 수밖에 없다.

목조 건축물이 많은 목포 근대역사문화공간에서는 무엇보다 화재 예방이 중요하다. 금연에 대한 인식이 확산되고, 이를 뒷받침하는 제도적 장치가 마련되어야 한다. 흑린각을 포함한 이 지역의 보존과 안전을 위해 끊임없는 노력이 필요하다. 우리의 작은 실천이 큰 변화를 만들어낼 것이다.

6
더 나은 도시를 위하여

언론의 시선과 변론

목포 근대역사문화공간은 늘 화제의 중심에 서 있다. 전주 한옥마을처럼 목포 역시 때로는 긍정적인 시선으로, 때로는 부정적인 시선으로 주목받는다. 그러나 지금까지의 목포는 유독 부정적인 평가가 많았던 것 같다. 특히, 2023년 1월부터 3월까지 흑린각 주변을 둘러싼 기사가 쏟아져 나오며 논란의 중심이 되었다.

"회장님 건물만 좋은 일?··수상한 역사복원"
"표류하는 '목포 근대역사공간' 줄줄 새는 혈세"
"먼지만 '수북'··표류하는 근대역사문화공간"
"목포시, 근대역사공간 공유재산 실태점검 나서"
"'목적 없이 근대건축물 매입' 목포시 거짓 해명"
"목포시, 혈세 써서 사유시설 뒷마당 조성?"
"겉도는 근대역사공간 후속 대책 '앞으로 잘해보자?'"
"목포 모자아트갤러리, 개관도 안 했는데 소문만 무성"
"'근대역사문화공간' 혈세만 지원할 뿐?"

"목포 근대역사공간 190억으로 쏟아 붓고 화장실도 없어?"

"근대역사문화공간 사업, 대폭 보완하겠다"

위 기사들은 처음에 구 야마하 선외기와 그 주변 창고 건물에 관한 문제를 지적하는 내용에서 시작해 목포 근대역사문화공간 전반으로 확대되었다. 짧은 기간 동안 이렇게 많은 기사가 쏟아진 것은 이례적이었다.

기사들은 '공유재산심의 등의 행정절차 미이행'을 문제 삼으며 시작해, '지분 부분취득에 따른 사유재산권 침해', '민간시설 뒷마당 특혜 의혹', '매입 건물의 장기 미활용'으로 이어졌고, 마침내 '공공화장실 미설치'라는 결론으로 이어졌다. 그중에서도 2023년 2월 23일자 "목포시, 혈세 써서 사유시설 뒷마당 조성?"이라는 기사는 흑린각을 직접적으로 다룬 것이었다.

그 내용은 다음과 같다.

목포시가 매입한 부동산 중 쉼터로 조성되는 곳이 단 1곳 있습니다. 쉼터의 위치도, 쉼터 인근 건물들의 모습도 뭔가 석연치 않은 구석이 많습니다.

목포시가 모자를 주제로 한 전시관을 계획 중인 갑자옥 모자점. 바로 옆에 1935년 지어진 목조 건물이 있습니다. 원형을 살린 리모델링을 거쳐 카페 형태로 재탄생했는데 구조가 달라졌습니다. 벽으로 돼 있던 건물 뒤편에 커다란 유리창이 생긴 겁니다.

인근 주민은 "그 뒤쪽이 집이었거든요. 담장으로 쌓아져 있었죠"

유리창 너머 공간은 태원유진 이한철 회장 가족에게서 목포시가 사들인 땅. 이 회장 가족의 낡은 건물이 있었던 곳이었는데, 목포시가 1억 6천여만 원을 들여 쉼터로 조성 중입니다. 바닥을 포장하고, 그늘막을 세우고, 벤치 등을 놓을 계획입니다. 관광객 쉼터 공사가 채 끝나기도 전에 카페가 예정된 사유시설 건물은 쉼터를 향한 문과 큰 유리창이 설치되어 있습니다. 쉼터자리의 폐건물을 철거하기 시작한 건 작년 8월. 카페 리모델링은 앞서 이뤄져 건물 철거시점인 작년 8월, 완공됐습니다. 건물 철거와 쉼터 조성 계획이 사전에 노출되지 않았다고 가정하면, 유리창도, 출입문도 설치할 이유를 찾기가 쉽지 않습니다.

"통창해놓으니까 그런 부분도 말이 많이 나왔어요. 누가 생각하더라도 그런 부분에서는 주변에서 이 집 좋아진 것 아니냐.."

더욱이 카페 건물뿐 아니라 인근 다른 리모델링된 건물들 역시 쉼터를 향해 유리창을 냈습니다.

○○○ 목포시의원은 "공유시설을 사유지 용도로 같이 쓸려고 하는 거를 이렇게 목포시에서 제공하지 않았나... 그런 의심이 들고 있습니다"

더욱이 사유시설과 구분 짓겠다며, 쉼터 주변에 성인 허리 높이의 나무를 담벼락처럼 줄지어 심겠다는 계획을 세우고도, 카페 출입문과 유리창 주변은 제외했습니다.

박태윤 도시발전사업단장(목포시청)은 "저도 그걸 보면서 느낀 것은... 어? 이 집만 좋아져 버렸네...그 생각을 했거든요. 저도 그 생각을 했어요. 이 집만 좋아져 버렸네."

근대역사공간에서 목포시가 유일하게 조성한 쉼터. 관광객들을 위한 공간이라기보다 사유시설의 뒷마당 같은 부대시설로 자리하면서 목포시 행정을 향한 비판은 또다시 불가피해 보입니다.

출처 : 목포 MBC 뉴스

기사는 목포시가 쉼터를 조성하면서 인근 건물들이 의문스럽다는 내용을 담고 있다. "카페 형태로 재탄생", "구조가 달라졌다", "건물 철거와 쉼터 조성 계획이 사전에 유출됐다", "쉼터를 향해 유리창을 냈다", "쉼터 주변에 나무를 담벼락처럼 심겠다는 계획", "사유시설의 뒷마당 같은 부대시설로 전락" 등 부정적이고 정확하지 않은 표현들로 가득했다.

   나는 긴 고민 끝에 원형 복원을 결심했고, 많은 예산과 노력을 들여 리모델링을 마쳤다. 그러나 결과적으로 비난을 받는 상황이 되었다. 흑린각 리모델링에 참여한 소유주, 설계자, 시공자, 자문교수 모두가 1930년대 사진을 기반으로 원형을 복원하는 것이 중요하지만, 배면의 쉼터를 고려한 건축 디자인 역시 중요하다는 데 의견을 모았다. 설계 초기부터 쉼터와의 연계를 염두에 두고 진행했으며, 쉼터에서의 조망을 고려한 디자인은 필수적이었다. 제대로 된 건축가라면 당연히 쉼터를 향해 개방감 있는 유리창을 설치했을 것이다. 더 나아가 2층에 테라스를 만들어 쉼터를 내려다보게 설계했을 수도 있다. 만약 테라스가 있었다면, 더한 비난을 받아야 했을지도 모르는 일이다.

   또한, 리모델링 당시 가장 깊이 고민했던 것은 카페로 활용하지 않겠다는 결심이었다. 주변에는 이미 많은 카페들이 있었고, 또 하나의 카페가 생기면 기존 카페들에게 피해를 줄 수도 있다는 생각이 들었다. 지금도 흑린각이 카페 대신 제과점, 기념품점, 초밥집, 선술집 같은 다양한 공간으로 활용되기를 바라고 있다. 그런데 언론은 흑린각이 카페 형태로 재탄생했다고 보도했다. 이는 사실과 다르다. 현재 흑린각의 형태와 구조는 원형을 그대로 유지하고 있으며, 다양한 용도로 활용할 수 있도록 설계되었다. 물론 카페로 운영할 수도 있지만, 처음부터 카페를 목적으로 하지 않았다.

   쉼터 남쪽에는 이미 카페로 활용될 계획을 가지고 있는 건물이 있다. 그곳은 쉼터 조성 이전부터 카페로 운영될 예정이었다. 흑린각은 그와는 다른 방향에서 목포다움을 담고자 노력하고 있다.

기사에서는 "건물 철거와 쉼터 조성이 사전에 노출되었을 수 있다"라고 지적했지만, 이는 사실과 다르다. 2021년 9월 이전에 이미 쉼터에 있던 기존 건축물 세 채를 철거했으며, 쉼터 조성 계획은 이미 "목포 근대역사문화공간 종합정비계획"에 명시되어 있었다. 2021년 9월 목포시로부터 쉼터 조성과 관련해 담장과 벽체 철거 요청을 받았고, 이때 쉼터에서 본 흑린각의 뒷모습이 너무 지저분해 보였다. 이를 계기로 2022년 5월, 흑린각 리모델링을 시작했다. 쉼터 조성 계획은 이미 공표된 것이지, 불법적으로 누설된 정보가 아니다.

"쉼터 주변에 나무를 담벼락처럼 심겠다는 계획" 역시 사실과 다르다. 처음부터 그런 계획은 세운 적이 없었다. 오히려 나는 목포시에 방문해 흑린각 설계 내용을 설명하며, 쉼터에서 흑린각을 조망할 수 있도록 경계부 디자인에 신경 써달라고 요청한 바 있다. 흑린각의 원형 복원을 위해 정면을 목문으로 해야 했고, 목문에는 잠금장치 설치가 어려워 출입을 뒷문으로 할 수밖에 없었다. 따라서 뒤쪽을 차폐하지 말아 달라는 정식 요청을 한 것이다. 쉼터에서 건물을 후퇴시키고 유리창을 설치해 넓고 개방감 있게 만든 것이 잘못된 일은 아니기 때문이다.

결국 이 기사가 보도된 이후, 흑린각 뒤에는 펜스가 설치되었다. 인근 주민들은 높이 2m의 폐쇄형 담장을 요구했으나, 목포시는 그나마 투시형 펜스를 설치했다고 한다. 이 상황에 감사해야 할지 회의감이 들었다. 펜스 때문에 흑린각의 후문은 막혀버려 출입조차 불가능해졌다. 게다가 펜스 앞에 놓인 화분은 번쩍이는 도장으로 칠해져 근대역사문화공간의 정체성과는 어울리지 않는다. 이 기사가 목포를 개선하기는커녕, 오히려 도시의 품격을 해치고 있다는 생각을 지울 수 없었다.

어떤 기사에서는 "목포시가 약 1억 7천만 원에 건물을 매입한 후, 3억여 원을 들여 보수 공사를 진행했다"라며 배보다 배꼽이 더 크다는 지적을 하기도 했다. 하지만 흑린각만 해도 100년의 세월을 견뎌온 건물이다. 구 야마하 선외기 건물은 흑린각보다도 더 오래되었다. 사람도 100세까지 살면 몸 곳곳이 고장 나고 제 기능을 못 하게 되는데, 나무와 흙으로 지어진 건물이라면 그 수명과 상태는 오죽하겠는가. 이런 건물을 리모델링하는 데 3억 5천만 원이 소요되었다고 문제 삼기 전에, 그 원가를 면밀히 따져보았어야 한다.

만약 목포시가 흑린각 수준의 리모델링을 진행했다면, 최소 6~7억 원은 들었을 것이다. 그렇다면 "배보다 배꼽이 더 크다"라는 비판이 나오는 건 당연하다. 예산이 충분하지 않은 상태에서 최소한의 수리만 진행하다 보니, 보존의 의미가 희미해지는 것이다.

이런 환경에서 목포시 문화재 담당 공무원이 이 부서를 기피하는 것도 이해가 간다. 늘 기사에 오르내리는 상황 속에서 비난을 감수해야 하니, 그 누가 선뜻 이 업무를 맡고 싶겠는가.

언론은 도시의 문제를 조명하고 개선을 촉구하는 중요한 역할을 한다. 목포 근대역사문화공간이 진정한 목포다움을 간직하며 지속적으로 발전하려면, 언론 역시 신중하고 정확한 보도를 통해 긍정적인 변화를 이끌어야 할 것이다.

보도 후 흑린각 뒤쪽에 목포시에서 설치한 펜스와 화분

에필로그

어떻게
남길 것인가

흑린각과 구 갑자옥 모자점, 이 두 건물은 같은 시대에 같은 거리에서 태어났다. 지금으로 치면 같은 건축회사가 같은 재료와 기술로, 한 프로젝트 안에서 두 채를 지은 셈이다. 그 후 2021년에 리모델링이 진행되었고 여기에 참여한 설계자도 같고, 시공자도 같았다. 그런데 지금 이 건물들을 마주하면, 전혀 다른 모습이 펼쳐진다. 하나는 시간의 흔적을 고스란히 품고 있고, 다른 하나는 그 흔적을 덮어버린 채 단정한 표정만 남았다. 둘 사이의 가장 큰 차이는 설계도, 재료도 아닌 '태도'였다. 한쪽은 개인이 소유했고, 다른 쪽은 행정이 맡았다.

흑린각은 한 개인이 건물의 과거를 복원하는 데 정성을 쏟아 부은 결과물이다. 오래된 사진을 찾아내고, 창문의 간격을 재측정하고, 남아 있는 요소를 하나하나 살펴 복원 가능한 것을 선별했다. 조그만 흔적 하나도 흘려보내지 않고, 건물의 시간과 이야기를 되살리기 위해 싸우듯 복원해 나갔다. 왜냐하면 그 건물에 담긴 시간이 중요했기 때문이다. 단지 낡았다고, 쓸모가 없다고 지워버릴 수 없는 어떤 무게가 거기에 있었다.

반면, 구 갑자옥 모자점은 화재 이후 1965년에 새로 지어진 모습으로 복원되었다. 외관은 깔끔하게 정돈되었지만, 그 안에 담겨 있어야 할 기억은 희미하다. 사실 이 건물은 단순한 상점 이상의 의미를 갖고 있다. 일제강점기 당시 이 거리는 일본인 중심의 상권이었다. 그런 가운데 조선인이 자신의 이름을 걸고 상점을 열었다는 사실 자체가 상징이었다. 자립이었고, 저항이었다. 그러니 그 이전의 모습, 흑린각과 하나로 이어졌던 나가야 구조의 본래 형태로 복원해야 했다. 역사적으로도, 공간적으로도, 그래야 맞는 일이었다.

　더욱이 다행스럽게도 흑린각은 지금 그 원형에 가까운 모습으로 복원되어 있다. 이 건물은 구 갑자옥 모자점과 본래 하나였던 긴 건물의 절반이자, 기억의 반쪽이다. 그렇다면 구 갑자옥 모자점 역시 흑린각을 기준 삼아 복원했어야 했다. 흑린각은 당시의 구조와 재료, 비율과 리듬, 도시 맥락을 되살려냈고, 그것은 단지 하나의 건물이 아니라 구 갑자옥 모자점 건물의 '복원의 기준'이 될 수 있는 귀중한 사례다. 이미 바로 옆에 그것이 살아있는데도, 왜 그 절반은 과거의 시간을 외면한 채 복원되었을까. 기억을 완성하기 위해서라도, 구 갑자옥 모자점은 흑린각의 모습을 토대로 다시 복원되어야 한다. 그것이 이 거리 전체의 역사적 연속성과 장소의 진정성을 되살리는 출발점이 될 것이다.

　같은 설계사와 같은 시공사가 리모델링한 두 건물. 그중 하나는 기억을 살렸고, 다른 하나는 기억을 덮었다. 도시에서 기억을 보존한다는 건 단지 오래된 건물을 남겨두는 일이 아니다. 그 기억을 어떤 방식으로, 어떤 맥락에서, 어떤 태도로 보존하느냐에 따라 완전히 다른 결과가 된다. 흑린각의 복원은, 우리가 과거를 어떤 눈으로 바라봐야 하는지를 보여주는 사례다. 건축은 기술이 아니라 태도다. 남기는 것도 중요하지만, '어떻게 남길 것인가'가 더 중요하다.

우리는 종종 공공이 맡은 일에 기대를 건다. 예산도 많고, 제도적 권한도 있으니 더 잘할 거라고. 그런데 현실은 꼭 그렇지만은 않다. 공공은 '정확'할 수는 있어도, '섬세'하긴 어렵다. 특히 과거를 다루는 일에서는 더욱 그렇다. 행정의 효율성과 역사적 섬세함은 종종 충돌한다. 그러니 이런 복원의 과정에서는 '누가' 하느냐가 중요하다. 의지 있는 개인 하나가 때로는 제도보다 더 강력한 기록자, 보존자가 될 수 있다.

흑린각과 구 갑자옥 모자점은 이제 나란히 서 있지만, 그 거리는 멀다. 하나는 기억을 품은 채 현재를 살아가고 있고, 다른 하나는 기억을 지운 채 그 자리에 서 있다. 어쩌면, 도시라는 공간은 늘 그런 식으로 이야기를 남긴다. 똑같은 조건에서 시작한 건물도, 누가 손을 대느냐에 따라 전혀 다른 운명을 갖게 된다는 걸 보여준다.

언젠가 누군가가 이 거리의 모퉁이를 걷다 흑린각 앞에서 멈춰 서기를 바란다. 그리고 그 낯선 듯 익숙한 외관을 바라보며, 이런 말을 들었으면 좋겠다.

"나는 여기에 있었고, 아직 여기에 있다."

이 한 문장을 건물 스스로 말할 수 있도록 하는 일. 그것이 진짜 복원이고, 진짜 보존이며, 우리가 과거를 통해 미래로 건너가는 방식이다. 흑린각은 그렇게 말하고 있다. 그리고 이 책을 통해, 그 말을 조금 더 많은 사람에게 전하고 싶었다.

본래 한 건물이었던 흑린각(왼쪽)과 구 갑자옥 모자점(오른쪽)의 리모델링 후 모습

부록
흑린각의 도면

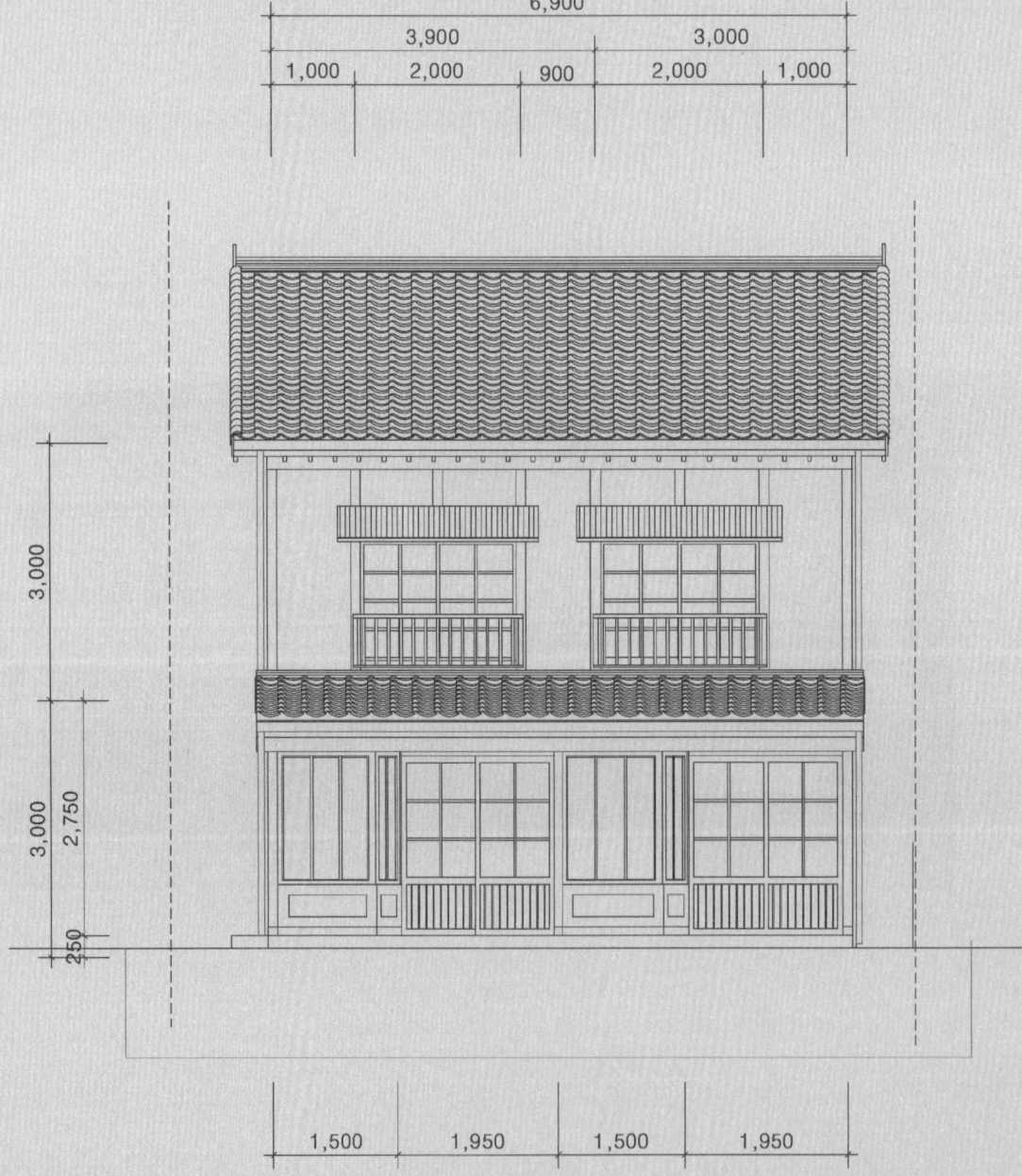

정면도_계획

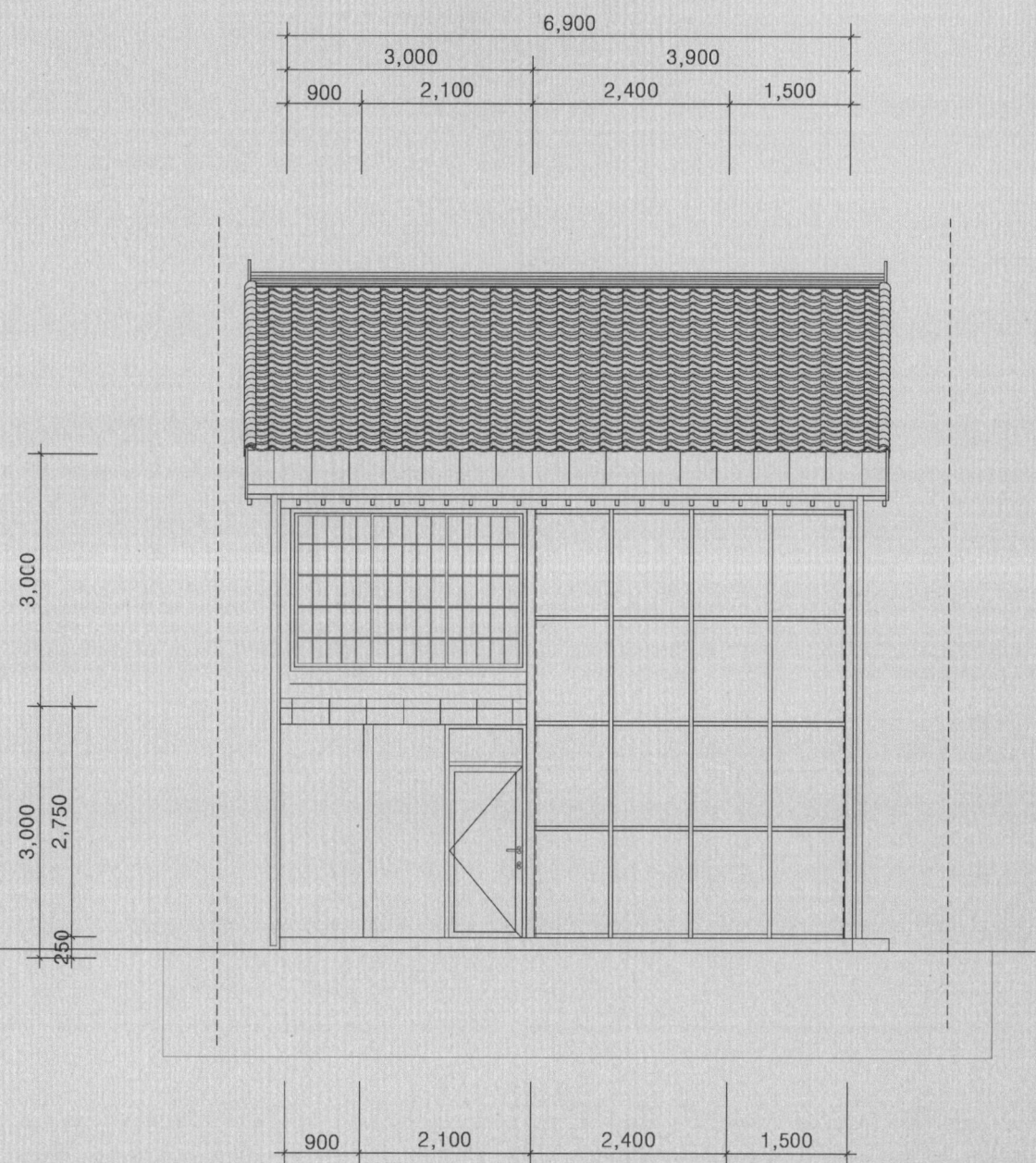

배면도_계획

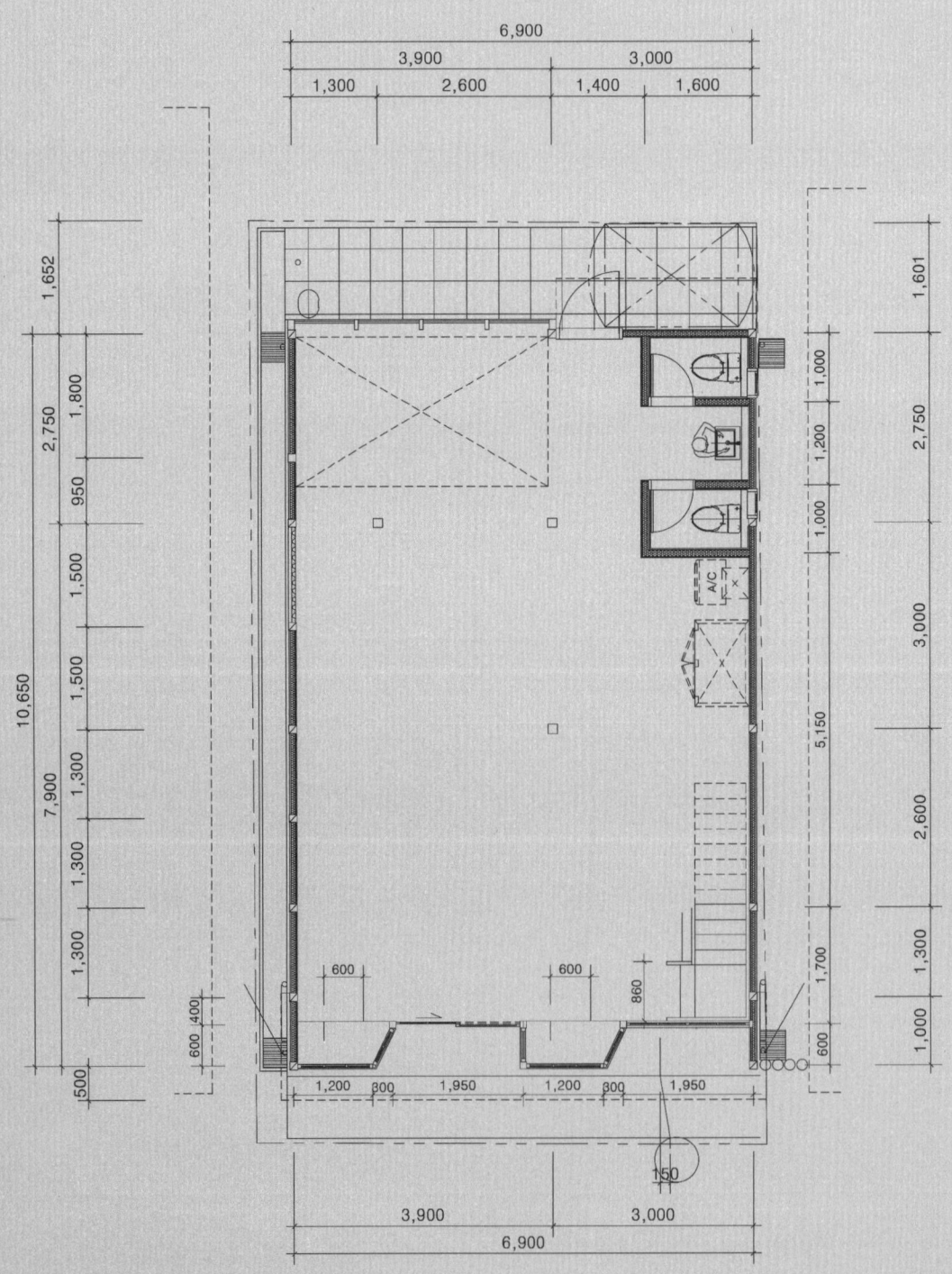

1층 평면도_계획

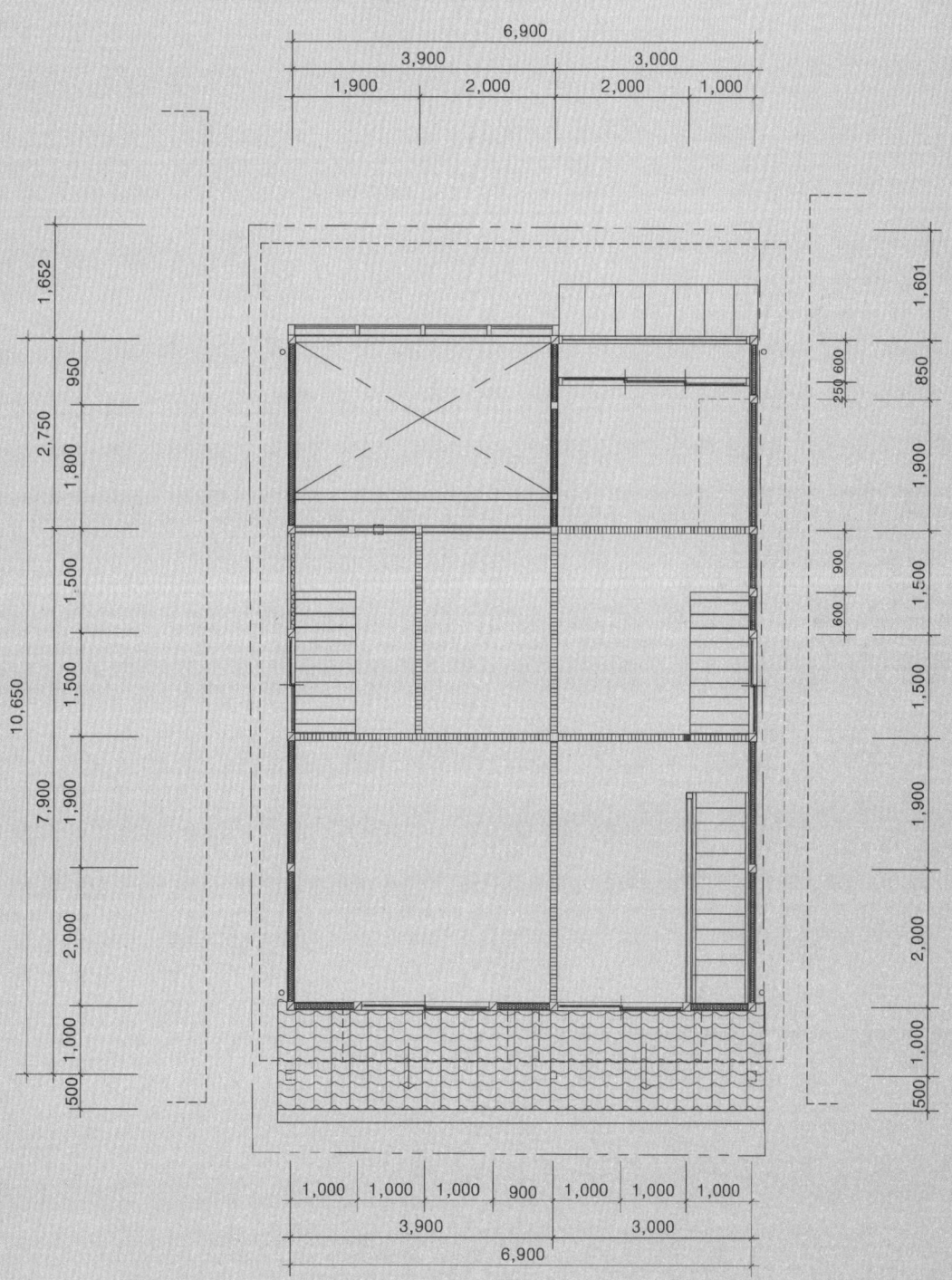

2층 평면도_계획

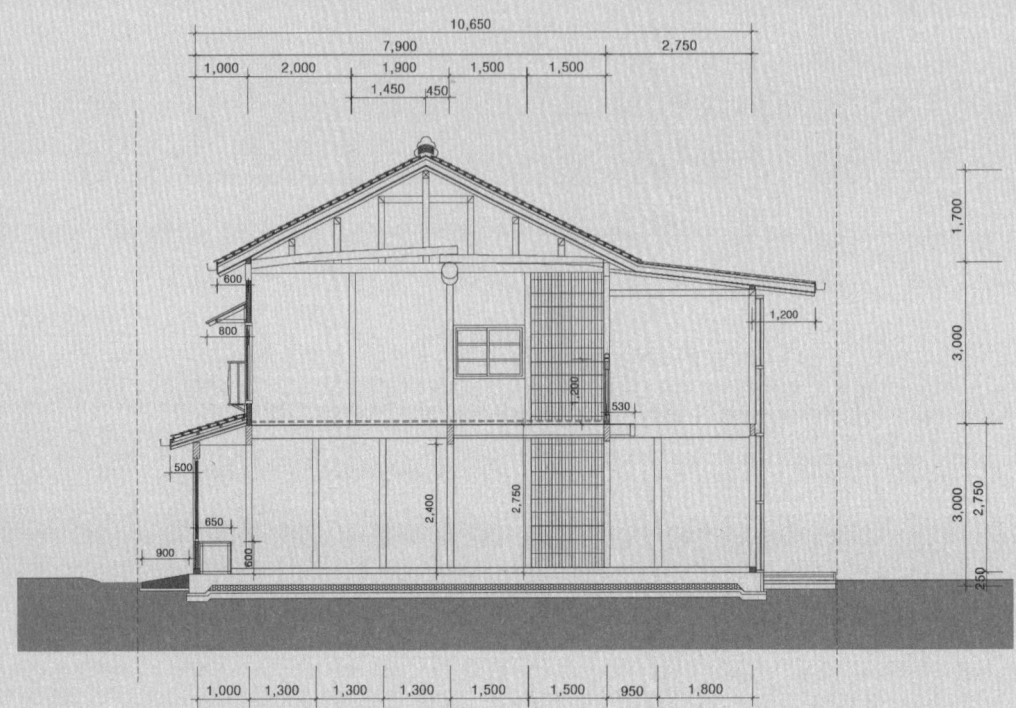

종단면도-1_계획

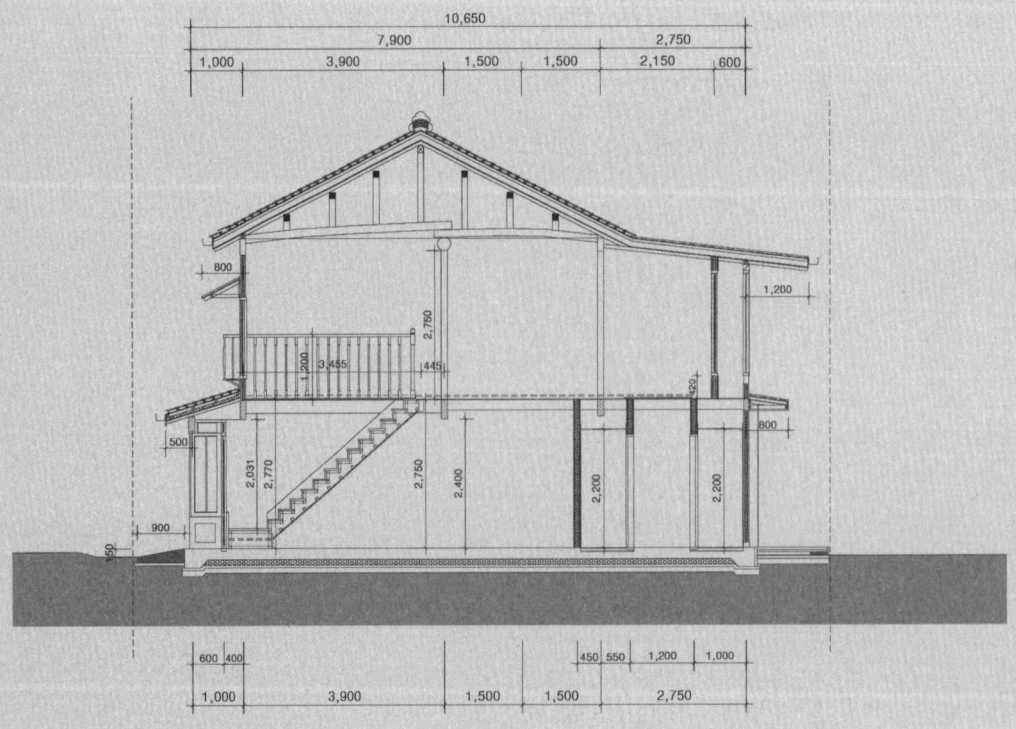

종단면도-2_계획

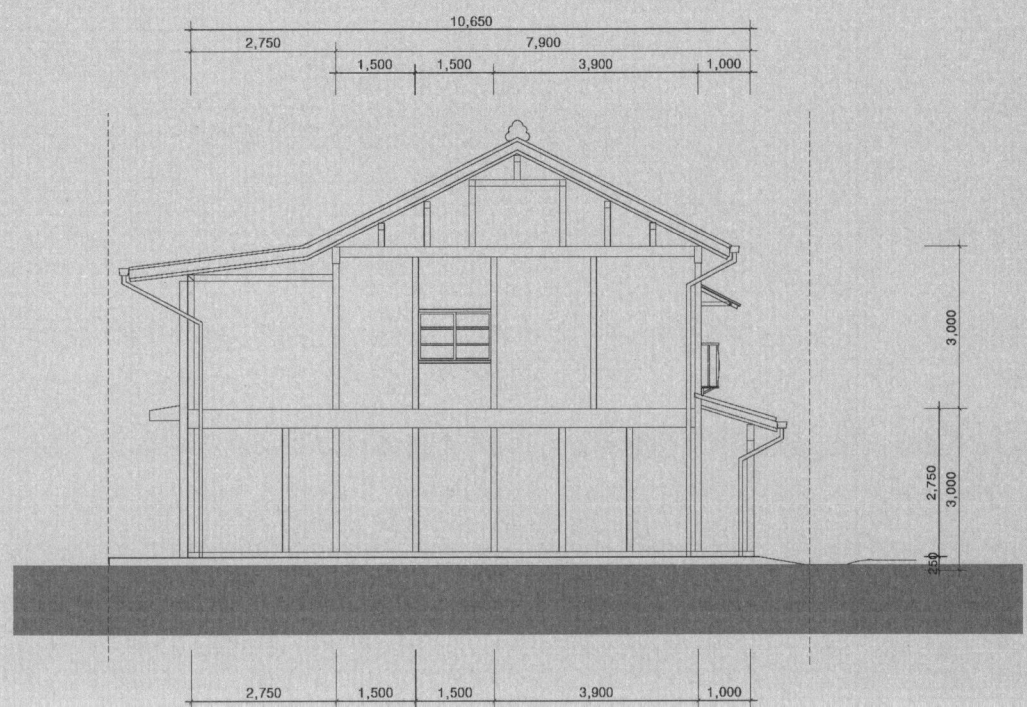

좌측면도_계획

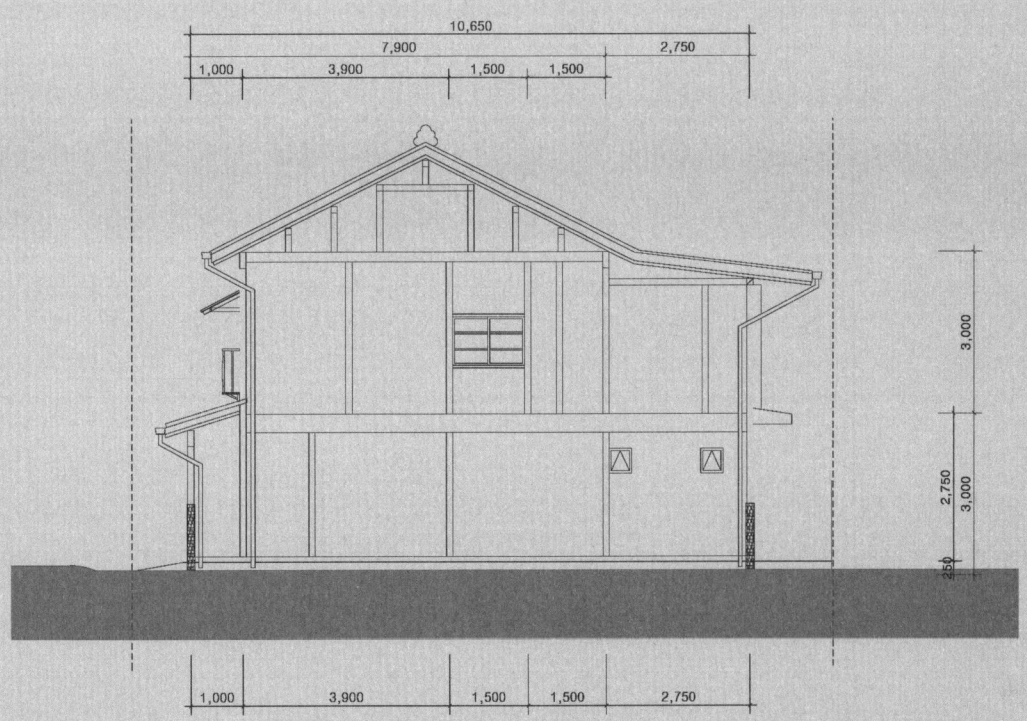

우측면도_계획

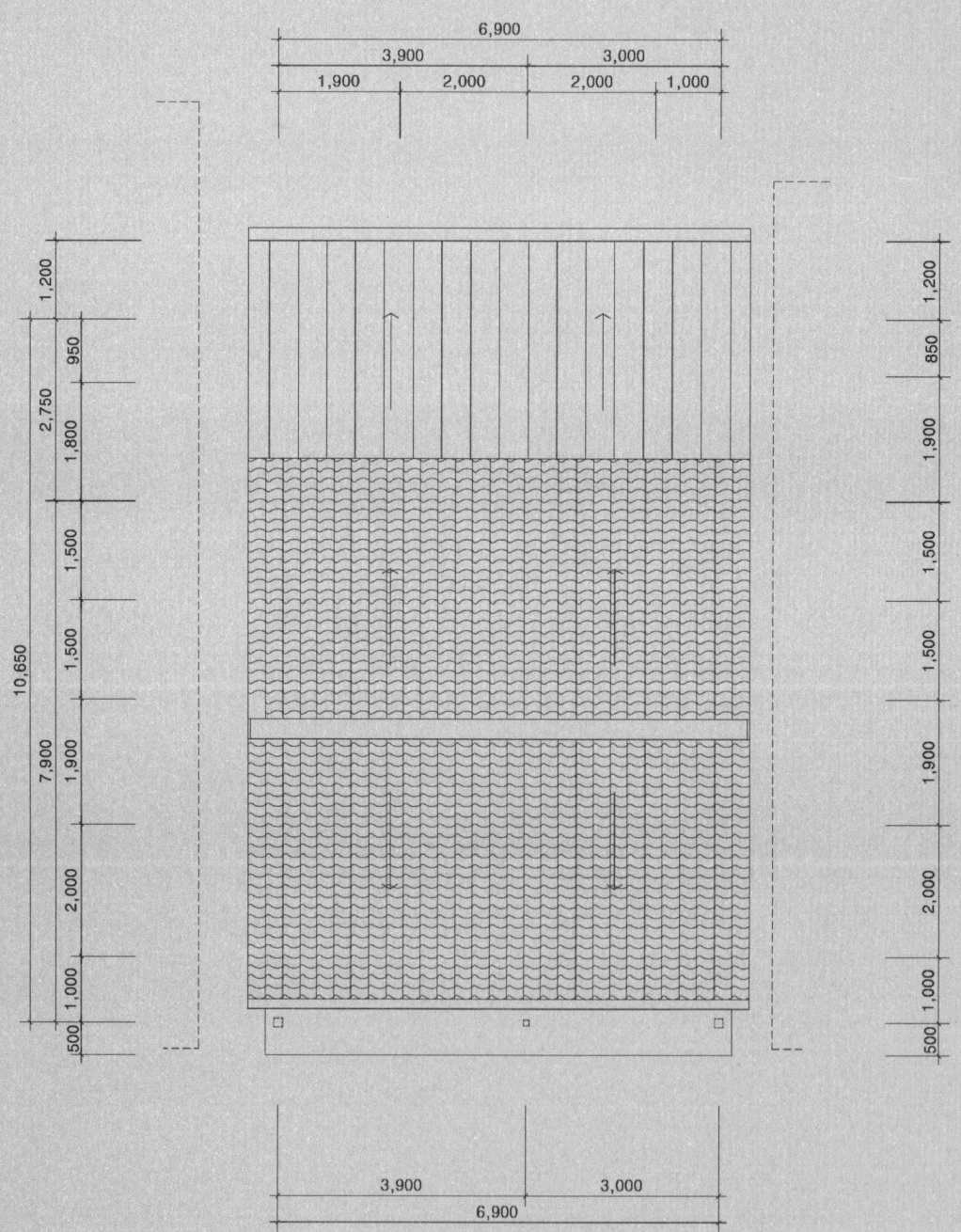

지붕 평면도_계획

흑린각을 다시 세운 사람들

건 축 주 한승훈
건축기획 김경인
건축설계 이형호, 이주현
건축시공 권승필
자문교수 김지민, 정석, 김태영, 고기영

도움 준 사람들 서동천, 박대석, 문연걸, 임근풍, 김충호, 송상환, 김광우, 나용환